LETTERS TO A YOUNG FARMER

On Food, Farming, and Our Future

腳踏食地的智慧
給青年農夫的信

如何打造自然健康的飲食，重建我們的農業與未來

石倉食物農業中心・企劃製作

Stone Barns Center for Food and Agriculture

蔡依舫、林芳瑜——譯

名人推薦語

這是一個讓所有依賴土壤、維護並涵養土地的人，得以改變生活品質的機會。新一代的青年農夫們正站在前線，為生存，為我們、他們孩子的未來而奮鬥。

——尼爾・楊（Neil Young），農場救援（Farm Aid）

讀了這本書會讓你想去當農夫。

——馬克・畢特曼（Mark Bittman），《烹飪全書》（How to Cook Everything）作者

本書是很棒的文集，結合基層農人、廚師和推廣者的智慧，不只年輕人必須讀，所有在這氣候亂局中關心糧食供給的人，都應該閱讀。

——湯姆・費波特（Tom Philpott），《瓊斯媽媽》（*Mother Jones*）雜誌糧食與農業記者

對所有心懷大志的農人而言，這本書是最好的禮物——滿滿的智慧、熱情的鼓勵和務實的建議，都出自於當代最棒的一些糧食與農耕專家。他們的文字可以啟發你、提醒你，農業確實是最重要的工作。

——娜歐蜜・史塔克曼（Naomi Starkman），《大眾飲食》（*Civil Eats*）新聞網站創辦人暨總編輯

年輕人投入農業之路，艱難而充滿未知。當他們想放棄時，《腳踏食地的智慧・給青年農夫的信》將帶給他們動力，這本書的作者們以愛、尊重與暖心的擁抱，讓新世代的農人了解，他們所從事的工作，正是地球所有生物生存的深層基礎。

——林西・樂舍・舒特（Lindsey Lusher Shute），全國青年農人聯盟（National Young Farmers Coalition）執行董事暨共同創辦人

我們的初衷是拯救農戶，但是，現在看起來是農戶要拯救我們了。

——威立・尼爾森（Willie Nelson），農場救援

你是這樣年輕，一切都在開始……對於你心裡一切的疑難要多多忍耐，要去愛這些「問題的本身」，像是愛一間鎖閉了的房屋，或是一本用別種文字寫成的書。現在你不要去追求那些你還不能得到的答案，因為你還不能在生活裡體驗到它們。一切都要親身生活。現在你就在這些問題裡「生活」吧。或者，不知不覺中，漸漸會有那遙遠的一天，你生活到了能解答這些問題的境地。

——萊內・馬利亞・里爾克（Rainer Maria Rilke），摘自《給青年詩人的信》*（*Letters to a Young Poet*，1929）

---

* 里爾克（1875-1926），布拉格出生的德語詩人，也寫小說、劇本、雜文和法語詩歌，書信集是他作品的重要部分。對十九世紀末的詩歌以及歐洲頹廢派文學影響深遠。摘文引自〈第四封信〉（馮至譯，聯經）。

推薦序

期許青年農夫，能不斷學習、增能、實驗及創新

李玲玲
國立臺灣大學
生態學與演化生物學研究所教授

我坐在二〇一八年國際稻米大會（International Rice Congress 2018）的會場裡，台上是輪番上陣的國際知名專家學者，他們一再指出未來農業與農民（尤其是小農）所將面臨的種種嚴峻挑戰，包括氣候變遷、自然資源（尤其是水、能源、土壤）的枯竭、生物多樣性的流失、市場的變動等等，並重複強調為達到零飢餓的聯合國永續發展目標，政府、學界、企

業、非政府組織應合作，透過研發新的作物品種、適當的器械，善用數位工具提供農民充分且適當的資訊，建構好的商業模式與價值鏈，並教育消費者共同推動永續性的農業。

耳邊聽著各種體貼的建議、亮眼的研發成果，心裡想著農民真是難為的同時，腦海中也不禁浮現這幾年四處拜訪的農民。例如：

花蓮壽豐成功種出有機食用百合的江先生，在接手父親的農地之後，雖然以集約的慣行農法快速的賺到他的第一桶金，卻發現不論再加多少肥料、施多少農藥，都沒法再讓過度壓榨的土地增加產量，讓他驚覺並思考該為孩子留下什麼樣的土地，隨後毅然決定轉為有機耕作，並努力學習嘗試，終於成功生產國宴級的有機百合及其他許多有機農產品，他的努力獲得許多消費者的肯定與支持。

南投名間的楊先生疼惜對農藥過敏的愛妻，堅持生產多樣的有機農產品，當木訥寡言的他被問到如何處理田間蟲害時，整個人都亮了起來，他滔滔不絕地說明田中各種有害、有益的生物，而為了了解這些生物的生活史，他會在夜間到田中觀察，把蟲子帶回家飼養，或是營造有利於天敵的棲地，以便天敵發揮生物防治的功能。楊先生學歷不高，卻是道道地地的博物學家，並將他對自然的觀察、理解應用在田間管理上。誠如他所說的，從慣行農作轉為有機農作所需要的時間可長可短，全看你對自己耕作環境的了解有多少。

花蓮舞鶴的粘小姐經營的茶行生意興隆，遠近馳名，因為她以友善環境的方式生產多樣的茶品，深受消費者的喜愛。粘小姐幾乎每天巡視茶園，觀察茶樹生長情形，適時地請工班灌溉、施肥、除草，並依茶葉的狀況揉製不同的茶品，掌握茶葉烘培的火候、時間，精準地維持茶品的品質，同時不斷地創新，開發新的產品。此外，她還透過契作幫助其他農民轉型成友善環境的耕作，注重生產鏈的每一個環節，絲毫不鬆懈馬虎，她的成功絕無僥倖。

還有三芝共榮社區的林老師，在退休之後回到家鄉，卻發現原本乾淨美麗的溪流上游遭到大肆濫墾，非法傾倒、焚燒垃圾或有毒廢棄物，溪流汙染、土地廢耕，青年人離開，人口老化，家鄉面目全非。於是，他號召了一群朋友向政府陳情抗議，要求制裁上游的非法行徑，並自組巡守隊，制止一切破壞溪流的活動。他也積極動員社區居民加入農村再生的教育訓練，凝聚共識規劃未來藍圖，並透過集體合作改善灌溉水圳、建造生態池處理家庭廢水，邀請講員教導提升作物生產的種類、品質、產量。林老師還親身投入新作物的種植實驗，等成功之後再鼓勵其他農民以同樣的方式耕作。經過十餘年的努力，共榮社區不但恢復原有的乾淨、美麗，復耕的土地面積大增，農民收入改善，年輕人回流，假日更有許多遊客造訪，購買新鮮、無毒、好吃的農產品。由於從事友善耕作的農民越來越多，在地的生物多樣性逐漸恢復，生態系服務也得以提升。

這些案例以及台灣各地的其他案例，在在顯示儘管從事農耕相當辛苦，從事農業會面對各式各樣的挑戰，但是真心從事農業的農民，一定會關心並觀察土地、作物、環境及其他生物的變化，透過不斷的學習、增能、實驗及創新，突破農耕的各種挑戰，生產友善環境的優質產品。因著他們的堅持與努力，讓土地維持生機，讓環境得到照顧，讓社會大眾能夠安心地獲得能量與營養，實在值得我們感謝、尊敬、支持。

青年農民們，感謝你們願意投入這個辛苦困難、但對人類未來至關重要的行業。本書介紹的前輩們已經與你們分享了許多寶貴的經驗與智慧，你們周遭可能也有許多投身友善農耕又能克服各種困難和挑戰的農友，在你們參考他們寶貴經驗的同時，還需要不斷地學習、增能、實驗及創新，以累積屬於自己的經驗與故事。祝懷抱理想與熱情的你們順利成功！

目次

名人推薦語……002
推薦序　期許青年農夫，能不斷學習、增能、實驗及創新（李玲玲）……006
導言　我想回家（吉爾・伊森巴傑 Jill Isenbarger）……015
1 務農很像做公關!?（芭芭拉・金索芙 Barbara Kingsolver）……021
2 最成功的農夫，都勇於不斷實驗（亞米戈・鮑伯・康堤薩諾 Amigo Bob Cantisano）……027
3 放下對人類聰明才智的依賴，擁抱自然的智慧（魏斯・傑克森 Wes Jackson）……039
4 青年農夫的政治行動（雀莉・平格利 Chellie Pingree）……043
5 土壤的富饒與否，取決於居住社群的社會與文化厚度（韋爾林・克林肯博格 Verlyn Klinkenborg）……049
6 跟隨你的心和直覺吧（凱倫・華盛頓 Karen Washington）……055
7 農業會消失嗎？（瓊・迪・古索 Joan Dye Gussow）……059
8 生命發源於內心深處（拉吉・帕迪爾 Raj Patel）……065
9 別忽略冬季農產品市場（芭芭拉・丹若許 Barbara Damrosch）……071
10 耕種就像看著好消息發生在自家後院（蓋瑞・保羅・納卜罕 Gary Paul Nabhan）……079

11 播種之前就要先想好銷售計畫（瑪莉・貝瑞 Mary Berry）……085
12 這隻鳥的生死，掌握在你的手裡（丹・巴伯 Dan Barber）……093
13 改變是微小而需要累積的（威爾・哈里斯 Will Harris）……103
14 農人就是奇蹟！（安娜・拉貝 Anna Lappé）……107
15 新農場的十個經營致勝秘訣（喬爾・薩拉汀 Joel Salatin）……115
16 對人類至關重要的永恆問題：晚餐吃什麼？（比爾・麥基班 Bill Mckibben）……129
17 千萬不要獨自到田野或樹林裡去（班・柏克特 Ben Burkett）……133
18 飲食就是與自然對話（艾咪・哈洛安 Amy Halloran）……137
19 深入研究你所在區域的各種歷史（尼費・克雷格 Nephi Craig）……145
20 只有擁有自己的土地和家，才可能有自由意志（溫德爾・貝瑞 Wendell Berry）……151
21 廚房、餐廳與田野中的種種是彼此的延伸（艾莉絲・華特斯 Alice Waters）……165
22 農夫腳勤就是最好的肥料（艾略特・柯爾曼 Eliot Coleman）……171
23 每一滴水都可以為我們帶來更多的收成（布萊恩・瑞契特 Brian Richter）……175
24 農耕應該師法自然，以森林與草原為模型（麥可・波蘭 Michael Pollan）……183
25 消費者開始擁抱「記憶、浪漫、信任」（弗列德・克申曼 Fred Kirschenmann）……189
26 你是拯救全人類的唯一希望！（南西・費爾與傑瑞・勞森 Nancy Vail and Jered Lawson）……195
27 在高中開設相關農業課程很重要（天寶・葛蘭汀 Temple Grandin）……201

28 團隊合作建立於共同的價值觀：「六個H」（溫蒂・米勒Wendy Millet）……203
29 農場就是你的「大老婆」！（瑪莉-霍威爾・瑪登斯Mary-Howell Martens）……213
30 第一道食譜：如何製作堆肥？（瑞克・貝禮斯Rick Bayless）……223
31 多明尼加農夫改變了我的一生（丹妮兒・尼倫堡Danielle Nierenberg）……227
32 學習整體管理（艾倫・沙弗里Allan Savory）……231
33 農場的存在以及農耕方式，都在表達你的政治立場（瑪莉翁・內斯特Marion Nestle）……251
34 一個財務穩固的農場，才能維持活力（理查・魏斯沃Richard Wiswall）……255
35 找到可以同舟共濟的夥伴（尼可拉斯・簡梅特Nicolas Jammet）……265
36 每一季、每次收成、每個世代，不斷循環（馬斯・馬蘇莫托Mas Masumoto）……269

致謝……277
結語 宣言：瘋狂農民解放陣線（溫德爾・貝瑞）……279
專有名詞說明……285

石倉食物農業中心

本書由非營利組織石倉食物農業中心企劃，
宗旨為創造健康、永續的糧食體系，造福社會大眾。

本書銷售所得將挹注石倉中心的農人成長計畫
（Growing Farmers Initiative），
以及貝瑞耕種及生態農作計畫
（Berry Farming and Ecological Agrarianism program）。

stonebarnscenter.org
berrycenter.org

導言

我想回家

我想回家。

不是我和先生、孩子住的那個房子，而是我成長、根源之所在的地方。我不知道是什麼觸發了我回家的本能，但或許我對密西根州北部（我父母還住在這裡）的依戀，以及想要回到這裡的渴望，既源自於這片土地，也來自於這裡的人們。

我小時候住在一個冰原上，有和緩的坡地、很深的沙土、冷冽的湖水、充滿鵝卵石的河川。我的世界中有家鄉的地理環境和氣候，也有世代農家所形成的產業，他們在果園種植酸櫻桃和甜櫻桃，擁有成片起伏的乾牧草地，在林地裡收成羊肚蕈、管理大片的松樹次生林。

我對於這裡的依戀來自許多記憶：划獨木舟下因特密底河（Intermediate River）、欣賞亡者丘（Deadman's Hill）的秋葉、聽著父母在廚房練習銅管五重奏邊試著寫功課。印象最深刻的是我們小鎮近郊的一座農場，它位於火炬湖（Torch Lake）和貝雷爾湖（Lake Bellaire）之間的一座冰磧丘陵上。一九七八年一場暴風雪中，我爸的車就在丘陵上困了三天，車子拋錨在農場的對面，丘陵下住著我的高中同學。

卡席克農場（Kalchik farm）的地理環境受到悉心維護，在我有生之年都是如此，而我也視之為理所當然。一直到我有機會和想像力豐富又勤奮的農夫傑克・亞傑爾（Jack Algiere，石倉食物農業中心的領導耕作者）共事，我才真正懂得這種維護多麼不容易。我可以感受到卡席克農場代表一個管理的品牌，以及一種保護的精神，顯示了我們社區的特色，它的管理方式既尊重自然環境，也尊重生活在其中的人們。

現在我了解了傑克不只是用心經營農場，對於農場的整個地理環境，包括樹林、河川也用心思索及維護。了解這些之後，每次回家的路上經過卡席克農場，我會想著卡席克先生看著這片壯闊景色時，看見了什麼我沒有看見的。我不像卡席克和傑克一樣是農夫，不過傑克正在教我如何觀察、專注於細節，並試圖了解大地給我們的訊息：植物莖幹太脆弱、出現新害蟲，可能代表土壤含氮量太高。雜草地中酸模（docks）*若特別多，可能是因為土壤硬實且欠缺鈣質。若是茶隼（kestrel）消失了，可能是個警訊，表示農場範圍外施用了超量的除草劑。傑克教我要像英國詩人華茲華斯（William Wordsworth, 1770-1850）說的，傾聽、觀察、發現「萬物的生命」。

本書的一部分是關於學習別人（大多是農夫）之所見，通常是我們沒有觀察到或是視為理所當然的事物，也與掌握他們世代相傳的想法和故事有關。在我們耕種的土地和農業傳統中，包含著關於餵飽人們、凝聚社區、維繫生計、修復土壤、碳截存（sequestering carbon）*、保護自然體系，並讓我們與土地重新連結的各種動人想法。整本文集提供了關於食物、農業以及文化的重要理念：飲食和農耕的型態如何興起、發展，或是轉移，以及這些型態之間現在需要如何整合，才能創造真正永續的未來。

《腳踏食地的智慧．給青年農夫的信》一書的作者，包括當代極具影響力的農夫、作家、領袖、企業家，他們提出建言、分享觀察、表達感謝，並評估嚴峻的現況。農耕是極其困難的事業、艱辛的工作，然而農耕也可以提升人類與環境健康以及社會福祉，是極為重要、實

譯註

* 酸模，生長在英國等北方國家的一種寬葉野生植物。
* 碳截存，又稱碳吸存、碳封存、碳固定，是將二氧化碳以各種形態儲存起來。自然界中主要的碳截存者是海洋、植物，與其他行光合作用的有機生物，藉著生物機能吸收大氣中的二氧化碳。

在、有意義的事之一。農耕對人類的未來，也至關重要。

石倉中心創立於二〇〇四年，以創造健康、永續的食物體系為宗旨。我們致力於如何種植糧食、如何飲食，我們投資於想像並建構永續未來的農夫這類人身上。在紐約市北方，我們有一塊八十畝的地，我們和石倉的藍山丘（Blue Hill）合作，聚集農夫、廚師、科學家、企業家、記者、思想領袖等，以健康的農田、土壤和生態系為基礎，形塑並推廣正確的飲食及烹飪。我們的合作夥伴都非常投入解決美國農業、飲食及食物體系所面臨的問題，其中有許多位在本書中都有提及。

這本文集出自於我們對美國下一代農夫的關懷，他們承擔了過去幾十年來產生的所有問題，而同時我們未來的糧食都要寄望他們。我們邀請了一群才能優異、經驗豐富的農夫與非農夫，請他們各寫一封信或一篇文章，我們的主題很簡單：「對現在正要投入農耕的年輕人，你有什麼話想說？」這本書對此提供了多元而極具啟發性的答案。

透過集結這些想法，我們也希望能點出目前某些農業問題的癥結所在，並且尋找解答。本書所有的作者都知無不言、言無不盡，分享他們的夢想與失落、信仰與承諾，以及歷史與經驗。

希望你能從這些信件中發現，我們可以達到永續而有再生力的光明未來，可以用健康的方式生產優質的糧食。艱難的挑戰和阻礙當然難免，但是當你沉浸於前輩的諄諄叮嚀，擁抱他們智慧的同時，請振奮精神，相信他們所看見的前景。農夫只要以善待土地、動物及人們的方式生產糧食，就會受到重視與尊敬。世界各地的農夫都將獲得他們應得的喜愛、尊重與鼓勵。

吉爾・伊森巴傑（Jill Isenbarger）
石倉食物農業中心執行董事

1 務農很像做公關!?

——芭芭拉・金索芙(Barbara Kingsolver)

請讓我以好朋友的身分跟你說話,因為多年來我一直很珍惜你們。當然,我知道你就是你,就像我記得每位實習生、每位世界有機農場機會組織(WWOOFer,見〈專有名詞說明〉)的夥伴,還有夏天到我們家族農場幫忙拔除雜草的朋友,每位都有他的獨特之處。有些人喜歡打赤腳工作,有些著迷於研究土壤、植物學、病蟲害管理,有些人在鋤地和除草時,會一邊聽**iPod**、沉思或是唱歌。少數幾位承認這工作太難了,但也有很多人還去幫忙其他的農場,或是買一塊自己的地。我對這些特別的夥伴寄以厚望。

我不需要告訴你生命中有何值得喜愛的事物,你已經選擇所愛。或許在不看好農業的家人或學校顧問面前,你已經為你的選擇辯護過。顯然你感動於農耕每天帶給你的回饋。你喜歡早起，你等不及要出門，帶著一杯咖啡走在已播下種子的田埂上，仔細觀察這些迎向早晨的新生命。你會為了一隻正在生產的母羊而在穀倉待到深夜，只因為看見新生命誕生、搖晃著踏出生命中的第一步、尋找母親的餵哺，一個新的家庭就在你的眼前成形。你會蹣跚走過二月的積雪，走進夏季的溫室，吸一口瀰漫甘藍菜氣味的潮濕空氣，帶著狐狸般的微笑，感覺你已經是時光穿越大師，雖然這一切都只是在一個不大不小的菜園裡。

我想你應該知道將會面對許多類型的人際關係。一般人很容易將農耕想成一種退隱，也的確你會深陷於某個地方，對於當地的氣候和土壤瞭若指掌，授粉昆蟲的鳴叫以及啁啾鳥語，都會是你耳中的詩句和樂章。你和鹿群或是土撥鼠大軍可能維持一種長久而衝突不斷的關係、你會需要一條好狗，不過你的生活中也會充滿人類夥伴，有時候會多到讓你有點抓狂。有些人對於農耕還一知半解，而你在這過程中也會聚集一群跟隨你學習的人。給他們足夠的工作量，才能分辨出有能力的及不適合的，然後要激勵他們追求目標。你要尋找你的導師，傳統上，農場是代代相傳，但這個時代的情況不同。你可以去找你的農耕家族，也就是可以教導你作聰明選擇、對過錯釋懷的人。你會在研討會上認識此中老手，夠幸運的話，可能在鄰居中就遇得到。有些老派的農夫可能讓你覺得很過時，但在其他人離棄土地而去時，留下來的是他們，光是為了這一點，他們就值得尊敬。

當然，你遇到的人大多不是生產者，而是消費者，包括喜歡去觀光果菜園自己動手摘的開心家庭、社群支持型農業（CSA，見〈專有名詞說明〉）訂戶、難搞的廚師、零售業者等，都是農夫在市場上的老闆。他們的無知會讓你好氣又好笑，可能是不會處理球莖甘藍；或是無法理解為什麼四月沒有先預訂火雞，十一月就拿不到貨；他們也會問為什麼你的番茄比店裡賣的還貴，事實上店裡的番茄可能是種在逐漸被毒死的遙遠土地上，或是壓榨勞工去收成的。你可以試著解釋，一次可能不夠，你要有耐心，因為你就像音樂家需要聽眾、作家需要讀者一樣地需要飢餓的人們。面對這些人，你應該感謝，感謝他們讓你擁有選擇所愛的特權。

顯然你需要研究、記錄、張大眼睛觀察，並且尊重這個行業的複雜性。這是一個大膽的事業，因為你每天的所作所為都是和生態並肩合作。從人類文明伊始，我們就一直在務農，但這並不代表這些事就容易了，而是代表你的職業有它的歷史、哲學、科學，以及蘊藏著日積月累的智慧。世界改變時，你不只需要學習舊有的方式，還要學習新的方法，例如，如何應付新型態的乾旱、水災，以及利用你的作物和草飼的牲口進行碳截存。你可以閱讀現代改革者的著作，例如艾略特・柯爾曼（Eliot Coleman）、喬爾・薩拉汀（Joel Salatin）、魏斯・傑克森（Wes Jackson）等等，數十年來農業中有許多錯誤，都是戴著「現代化」的假面具，而他們正在拯救農業免於淪喪。還有許多科學家和哲學家，長久以來告誡我們要避免這些錯誤，例如亞伯特・霍華德爵士（Sir Albert Howard）、魯道夫・史代納（Rudolf Steiner）、伊娃・巴爾芙夫人（Lady Eve Balfour）、福岡正信（Masanobu Fukuoka）、瑞秋・卡森（Rachel Carson）、奧爾多・李奧波德（Aldo Leopold）、溫德爾・貝瑞（Wendell Berry）。在你急需閱讀的獸醫手冊和牽引機維修入門之外，你也必須安插這類的讀物。我希望你不是因為討厭上學才選擇務農，你依然是個學生，而且學海無涯。

這就是我想告訴你的重點：不論你的雙手長了多硬的繭、衣服多髒、背痛不時復發，你都是專業人士，你的職業富有創意、為人所需、也很耗費腦力。不過，很遺憾你遇到的很多人並不這麼想。你的上一代，也就是我這一代，有許多人都背離了土地以及土地的恩賜；而我們的上一代，則是非常努力地擺脫農耕生活。在二十世紀下半葉，官方的說法是，現代發明可以有效地將農耕工作機械化，所以只需要少數人力管理流程，其他人就可以逃離嚴酷的農耕生活以及鄉村的愚昧。相信這種說詞的許多人，便將目標設定在城市，並且一去不回頭。或許他們也心痛於放棄家族的生計，但仍然因為迫於貧窮而離開農田、進入工廠。總之，他們勸告孩子們，也就是我們，要留在學校好好念書，才能過體面的生活，在室內、辦公桌前工作，永遠不要讓指甲縫沾染到泥土。

這意思就是說體力勞動是低級的，而土壤呢，嗯，是骯髒的。有些人看見你的工作服，會覺得你來自落後的鄉村，這還算好，最糟的是覺得你很笨或缺乏企圖心。這是令人厭惡的偏見，而且就像把愚笨或胸無大志等同於深色皮膚、女性或南方口音一樣，是錯誤的觀念（順帶一提，如果妳是南方的女農夫，又是有色人種，我真心希望妳已經在網路上找到了支持團體）。在許多出乎意料的地方，你都會發現偏見的存在，我認識一些友善、高教育程度的人，樂於到農民市集消費，卻不肯讓他們的孩子成為農夫。數十年來，媒體塑造的負面農業形象，需要一些時間才能平反。不管你喜不喜歡，你的職業將很像做公關，你不但要讓市場上的消費者驚豔於你完美無瑕的茄子，也要讓他們驚豔於你的聰明、勤勉以及正確的文法。還有，這可能比較像是我的媽媽經，不過我想如果你能把自己打理得乾淨整齊，也很有幫助。

相對於你所做的努力，我們也將學會尊重農耕的藝術與科學，我們會感謝你的勇氣和遠見，不過你要準備好去導正人類最荒謬、根深蒂固的錯誤：當我們告訴孩子，相較於老師、醫師或律師，農耕是一個低下的目標，我們為什麼會這樣想？老師可能參與我們的人生一、二十年；運氣好的話，我們可能一年只看幾次醫師；見到律師的次數更少；不過自始至終，人生中的每一天我們都需要農夫，沒有例外。我們曾經忘了這個事實，而代價極其高昂。慢慢地我們會重新掌握正確的觀念，請對我們保持耐心，我們需要你。

芭芭拉・金索芙共有十三本著作，包括小說、詩集和創意非小說。長篇小說包括《豆子樹》（*The Bean Trees*）、《毒木聖經》（*The Poisonwood Bible*）、《空白》（*The Lacuna*），後者獲頒柑橘小說獎（Orange Prize for Fiction）。她的著作有超過二十種語言的譯本，擁有各地忠實讀者並且獲獎無數，包括國家人文獎章（National Humanities Medal），她的多本著作也獲選入美國多所大學的英國文學課程中。

2 最成功的農夫，都勇於不斷實驗
──亞米戈．鮑伯．康堤薩諾（Amigo Bob Cantisano）

在六〇年代末、七〇年代初的「回歸土地」年代，有數千人移往鄉村地區，我也是其中之一。當初那個紅極一時的運動過後，撐了過來、有所成長，並且還在農耕的人，少之又少，而我也是其中之一。我從事有機農耕、耕種顧問並參與倡議行動，已經長達四十六年，我這些年的所學，對你或許會有幫助。我想跟你分享，希望能讓你站在前人的肩膀上，並且希望你在未來的四十年也能持續成長茁壯。

不過在這之前，我要先恭喜並謝謝你加入我們！我們這些老農非常開心看到年輕人對農耕有興趣。幾十年來有機農耕的人口越來越老化，看到新加入的年輕農民展現活力與熱情，真是放下了心中的一塊大石頭。當我們知道我們的努力激勵了下一代也回歸土地，真是精神為之一振。我們很感謝你們的參與。

雖然熱情很真實，正面的改變也正在發生，但其中仍然存在著實實在在的挑戰，可能會削弱這正在萌芽的行動。在這篇文章中，我希望可以點出一些挑戰，以及你的機會和化解挑戰的責任，好讓你們的努力可以確實延續下去。

經濟。目前對在地及有機食品的需求、興趣都達到高點，但顯然小坪數有機耕作所面臨的經濟困境還是一樣嚴重。你們必須要有極佳的適應力，並且堅持不懈，才可能維持經濟狀況。家庭農戶仍然背負著來自各方的層層壓力，和客戶建立持久的關係，並且與他們搭起個人的情誼很重要，不只是為了知道誰在吃我種的食物的滿足感，也為了可以向他們用力的說明你需要透過你提供的食物過生活。這可能需要採用許多形式的溝通和接觸，並且需要幾乎不間斷的努力。

不要覺得務農無法賺大錢就是失敗，因為能賺錢的人很少。你或你的另一半可能需要額外的收入，才能支持你們對農耕的熱愛。在我們這個郡，最近有一份調查顯示，九二%的農場有一個或一個以上的人有農場之外的其他收入。當我們在一九七〇年代中期開始務農時，我們的生活遠遠在貧窮線以下，我根本不知道生活可能一窮二白至此，但我們還是決心要能獲利，可惜至今仍無法達到。你和我從事這個行業，本來就不是為了賺錢，這是很清楚的，不過我們還是需要努力維持生活。如果你的產品品質最好，你也信守堅持，你就值得擁有消費者強力的支持，這包括接受相應於你所付出的努力的產品訂價。我非常敬重可以持續提高售價的農夫，他們還教育消費者，讓他們了解為什麼支持在地農戶如此重要。讓大家聽見你的聲音吧！

技能。你也很清楚，從事農耕需要各種技術，不過我們很少人在開始務農時就已經具備邁向成功的必備技能。種植雖然很複雜，但也只是你所需要具備的部分技能而已。我鼓勵你學習所有必備的技能，包括人力管理、記帳、機具維修、長程規劃、木工、記錄存檔、綜合病蟲害管理、辨識雜草、肥沃度分析、電腦操作等等。要做的事很多，但我們通常沒有資源可以僱用各種技能的專才，所以我們自己必須成為通才。如果你沒有這些經驗、知識，就需要去上課、讀書、線上學習，並且向同業好手學習。事事物物一直在變化，持續學習和受訓是必要的，同時也要把握向年輕或資深農夫同儕學習的機會。

善用前輩的經驗。我和朋友們都覺得社區裡的青年農夫太少跟我們互動了，沒有來學習我們的經驗、了解我們可以提供怎樣的協助。我們很多人都已經務農三、四十年了，也從嘗試和錯誤中學習很多，最後才達到成功。你們不需要重複我們的種種嘗試和錯誤，因為這個過程很複雜、代價又高昂。我們可以分享許多從錯誤中學習來的經驗，加快你們邁向成功的速度。所以請不要猶豫，儘管向你們社區裡的前輩請教吧，即使是用傳統農法耕作的前輩也可以。許多採用傳統農法的人，都嫻熟基本技能，而這些技能適用於所有的農地。我們都有值得學習、分享的長處，可以提供你寶貴的建議、協助你找出問題所在，或是跟你一起發展出你的耕作體系。有些人還願意借你機具哩，或是教你怎麼改裝設備，好讓它能發揮最大功能。我們這些老頭有很多絕活可以傳授給你們，別害羞了，我們是樂於助人的。

合作。單打獨鬥太辛苦了，合舟共濟則好處多多。我曾注意到，很多農夫把鄰居當成競爭對手，現在的青年農夫也有這個現象。我們許多年長的農夫都發現，合作、共同參與，其實裨益有加。我建議你把鄰近的農夫當成可以朝向共同目標努力的盟友，而不是競爭對手。要互相分享機具設備可能不容易，但對需要各式工具的青年農夫來說，或許最經濟划算。分享經驗、知識也很重要，一起吃飯則可以建立社群、促進彼此的支持、形成緊密的連結。

行動主義。我們也發現農業的大型議題缺乏年輕人的參與，這種參與能讓前輩努力打下的基礎得以延續，極為重要。我鼓勵你參與在地的農業團體、有機認證、倡議行動、政治活動、慶典等，任何你認為會影響農業發展的活動都好。當然，光是維持農場的運作就已經忙得不可開交，但是如果我們都這樣想，而沒有參與整個產業的相關議題，我們反而會過得更糟糕。很多你現在習以為常的事，都是經過志工們長久投入的努力，才能從美國文化的邊緣地帶進入主流，如農夫市集、合作社、有機標準、直銷、提高效率的設備、新品種的作物、留存種子、基因保存、政府的財務及法律支援、購買在地運動、支援小農、各種會議等。這些都是許多農夫辛勤地志願投入時間，促成社會進步的成果。但是需要努力的地方多不勝數，你仍有很多參與的機會。這些事極為重要，請挺身而出，從前輩手上接下棒子，好好塑造並改善未來。

實驗。我所認識最成功的農夫，都勇於不斷實驗。他們並不認為去年或是五年前成功的作法，在未來也可行。多數作物都有多樣的發展，必須嘗試新的品種，並和你自己熟悉的品種、以及該作物的主要品種做比較。自己進行育種、留存種子，可能會獲得豐碩的回饋。輪種、覆蓋作物、堆肥、生物防治、運用機具、灌溉、改良、修枝，以及很多其他的程序，都非常需要革新。若是願意挑戰你的預設想法，你必然會成長，成長有時候是來自失敗，所以實驗應該維持小規模，才不至於動搖到你的經濟基礎。

社群。我們的社會對於食物和農夫的認識、連結，依然很欠缺。為了農耕產業的健全發展，我們必須走出去。我要邀請你進行一個挑戰：去接觸你的鄰居並擴大到社區，持續教育他們、和他們互動。我參與過最成功的社區體驗包括：農場導覽、教育體驗、廣播和媒體專訪、慶祝收成、社群媒體及線上活動、食物銀行、關懷街友、園藝療法等等。在已經很繁忙的生活中再加上這些活動，會增加複雜性也會花更多時間，但是持續教育、啟發我們的客戶和鄰居，是很重要的。

堅持。每個人都會有自我懷疑的時候，懷疑自己的工作和生活方式好嗎、是我想要的嗎？我們選擇的是一條艱難的路，在身、心以及財務上，都是如此。我曾經想了很久，思考我到底為什麼選擇如此充滿挑戰的生活，但結論總是，因為這對於我個人以及整個社區都很重要。我承認曾經有幾度也想要放棄，尤其是天候不佳的那幾年，或者有其他損失、覺得困難重重時。但繼而我記起了自己的初衷：我從事的是幾乎不可能的志業，而這個挑戰讓我得以成長。我相信你也一樣。遭遇困境時，跟前輩聊聊吧，他們會很樂意跟你分享如何克服難關的過程。請別忘了，在過去七十五年中，多數的農夫都放棄了耕作，我們這些堅持下來的人，為數不多。傾聽我們的分享、向我們學習，會讓你獲益良多，而且饒有樂趣！

觀察。我的經驗是，最好的農夫都具有最好的觀察力。你看得越多、問得越多，就會看見越多也了解越多。停下你的腳步，聞聞玫瑰花香，同時仔細觀察：它們正在向你傳達什麼訊息？你可以向它們學習到什麼？要怎麼讓植物和動物更配合、更多產？我們採取的哪些行動可以促進、涵養環境？哪些行動則弊多於利？我還可以多做些什麼？植物對我的照料有何反應？奇蹟其實就在你的眼前、腳下發生。如果你記性絕佳，你會記得這些事，如果你的記性跟大多數人一般，保持做筆記的習慣助益很大。過去三十五年來，因為身為有機農耕顧問，我有幸在上百個農場觀察作物和環境，每天都有新的學習，而當我的觀察技巧越進步，我也學得越多。二十幾歲時，我自以為已經懂得很多了，但真是錯得離譜。現在我的好奇心和疑問比以前還多，我希望你也一樣。

適應力。面對變化，適應力極為重要。我原本採行間耕作（row-crop），但年紀漸長，所以改種植多年生作物。起初，有超過二十五年的時間，我都是租地，所以完全無法為多年生作物作長期規劃。二〇〇〇年，我買了一小塊地，因而可以轉種多年生作物，主要是因為我們社區的需求，也因為多年生作物較適合這片土地的生態，種植也較不費力。

行銷。接觸消費者的管道不斷變化，我也會隨時調整行銷方法。在七〇、八〇年代，我們的作物大部分賣給大盤商，消費者對在地、有機、家庭耕作的產品幾乎沒有興趣，所以直接向他們行銷沒什麼效果。但從那時期之後，我們越來越重視直接行銷給消費者，以及真心喜愛在地食材的企業。

未來會是什麼樣子呢？我不確定。不過有機及在地食材的潮流當道，而且還在持續擴展。和消費者、廚師建立直接的連結，雖然聽起來很有道理，但也需要時間適應。在加州許多地方，競爭已經激烈到許多新農場必須提供獨特的產品，或是願意在價位低廉的市場販售，否則就會被排擠在農民市集之外。餐廳也已經習慣每週有六天可以收到農產品，其中許多餐廳也提供有機餐點，所以我們也必須努力維持他們的貨源。社群支持型農業（CSA）長久以來被視為小農場的救星，但現在因為背後擁有較大型營運及充足資金的專業貨運公司也經營小型CSA的客戶，CSA面臨了越來越大的競爭壓力。一般的連鎖商店也開始標榜「在地」食材及「農民市集」，更是讓一般消費者霧裡看花。

你必須隨所在地區市場的變化模式及消費習慣調整，今天熱門的商品明天買氣可能就跌至谷底。要持續實驗，尋找新的作物。其他族群的作物也擁有很高的市場潛能，若是到外國去看看他們的許多高收益作物，會讓你大開眼界。消費者的口味和市場潮流瞬息萬變，從五〇到七〇年代，我只認識一個家庭跟我們家一樣，也吃青醬；現在青醬已經很普遍了。八〇年代的美國，幾乎沒聽說過綜合沙拉（salad mix），但當時在歐洲已經很受歡迎，現在更是處處有沙拉。在七〇、八〇年代，我們家種的番茄要送人都送不出去，但現在的人都花錢買。毛豆、壽司、菜心都是最近才進入美國的主流文化，還有很多其他的例子。人的口味說變就變，能及早應變的農夫才有機會獲利並成功發展。

我們和他們。很可惜，在有機農夫和傳統農夫之間，以及小型及大型農戶之間，長久以來一直存在著一種角力關係。這種衝突會削弱整體農業已經獲致的成果。大家必須了解，不論何種規模、耕種方法，都還需要數十年的發展才能達到真正的永續；也請別忘了，施用化學藥劑或是大規模種植的農夫，是因為他們相信實屬必要。現今的農夫大多數都不喜歡使用化學藥劑了，但他們通常不知道有哪些其他選擇，他們的經濟情況不穩，讓他們不敢脫離對化學藥劑的依賴，轉而嘗試其他方法。他們的耕作方式背後，反映了恐懼的心態，認為不施用殺蟲劑等化學藥劑，風險太高。我相信從傳統農法成功轉型為有機農法的案例中，有九成以上所遇到的困難都不是來自於技術障礙，而是心理因素。在農業界以及整個社會，多數人都被洗腦了。他們認為要達到生態目標的方法和機會，難以掌控。而在過去七十五年以來，被推銷到我們文化中的神奇「解方」，加上來自於學界、業界、媒體的錯誤資訊，塑造出一種根深蒂固的無力感，很多農夫的思維就深陷其中，難以跳脫。不論是大型或小型、傳統或有機，不論耕作方式夠不夠「純正」，所有的農夫都是同盟夥伴，不要陷入批判化學藥劑或是大規模耕作的窠臼。這個議題非常細膩，不應該以「小即是美，大即是惡」或「有機好，化學不好」的意識型態處理。從事農業的人已經稀少到像是瀕臨滅絕的物種了，不應該譴責或蔑視還沒有清楚了解的人。請不要帶著成見去接觸那些理念和你不同的人，你可以成為他們的導師、夥伴，也可以向他們學習。我們同樣都身處在這個環境之中，為了人類共同的發展，必須互相扶持。

在地行動，全球思維。你所有的行動，不論多渺小，都可能對環境以及它所承載的人類帶來極大的影響。為了生態穩定及農場永續所採取的任何措施，都影響深遠。我們對於碳截存的了解還不夠，但我們知道如果增加土壤裡的有機質，就可以對氣候變遷產生正面影響。我們已經知道不使用殺蟲劑或僅使用少量，會有益於生態和人類健康。我們都需要努力增進土壤、空氣、野生動植物，以及地球的健康，所以你對於現今議題的關心和了解，並非孤軍奮戰。請向他人分享你的知識，並且尋找新的解讀方式。當你在農場工作，請記得你的義務，以及農耕對所有其他生物的影響。地球的未來操之在你。

為家人和自己保留時間。太多農夫，包括我自己在內，都無法成功維持自己和家人的身心健康，而這很重要。我們多數人都花太多時間在工作上，給自己和所愛的人的時間卻少得可憐，幾乎無暇顧及家人和自己的情緒、身體健康。我建議你趁年輕的時候，安排固定的時間給自己和親友，因為沒有任何工作比你們的身心健康還重要。我觀察到年輕的一代在養育子女方面做得比我們這一代好，但是繁重的農耕工作可能會讓我們無法全心照料孩子。他們成長得很快，如果希望他們健康長大，那就多花點時間和他們分享生活點滴。你不會後悔的。

最後，我要再說一次，很開心你們加入我們這個漫長但重要的旅程。繼續堅持，你就會成功。諸事不順的時候，請記得，歡笑是最好的良藥！繼續堅持吧，我得走了，我的農田在呼喚我……

亞米戈・鮑伯・康提薩諾一九七五年以來在美國加州從事過各種小型至中型的有機農作，並且建立了加州第一個有機農產供應系統，他的眾多成就包括提供顧問服務、舉辦第一個有機農法的會議。他目前在北加州內華達山脈（Sierra Nevada）一塊十一英畝的農地上種植多種作物，並且為西半球超過四萬五千英畝的有機及轉型農作提供顧問服務。

3 放下對人類聰明才智的依賴，擁抱自然的智慧

——魏斯．傑克森（Wes Jackson）

身處工業社會的青年農夫，你所在的社會環境接近綠色革命時期，也就是二十世紀下半葉：各種組織、政府、科學家大力推動，透過掌控科學與技術大幅提高全球的農產品產量。一旦你全心全意投入生態農法，就像地球受到嚴重戕害的綠色革命時期、生活在低度開發國家的農夫，你將成為眾矢之的。

過去半世紀以來，亞州、非洲和中南美洲的農產品產量達到兩倍、甚至三倍的成長。這當然得歸功於基因和植物育種、肥料、殺蟲劑及灌溉，不過很少人提及這些耕地和農產改良努力背後的各種內在、外在假設。追溯到一九四〇年代初期，當時墨西哥因農產品產量增加

而有助於穩定政治局勢，在一九四〇年的總統大選中，曼努埃爾・艾維拉・甘馬曹（Manuel Ávila Camacho）之所以能夠當選，很重要的因素就是他提出了關於通路和產量等的論述。這是你們需要知道的。另外，很少人知道「綠色革命」這個詞是媒體創造的，以相對於當時的「紅色革命」，因為光是市場的力量無法促成綠色革命發生，所以需要宣傳，因此發起了一波行動以獲得體制上的支持，這其中需要許多溝通聯繫，而背後的資金皆來自於富可敵國的洛克菲勒（Rockefeller）家族。環境歷史學家安格斯・萊特（Angus Wright, 1964-）指出，從綠色革命初期以至於整個過程中，出現了以下幾個重要的假設：

1. 低生產率（每英畝的產量）是個問題。雖然土壤劣化的因素有納入考量，但由於重點在計算投入與產出的比率，因而它只被視為一項成本。但土壤劣化在社會層面與科學上的解讀有所差距，則幾乎被大企業忽略了。
2. 傳統的耕作技術弊多於利。因而造成這樣的新說法：「我們（專家）來教，他們（傳統農民）來學」。
3. 技術是中立的。所以當軟性勸說沒有用時，就需要採用強制手段。
4. 農業是達成工業化的一種工具。因此必須採取綠色革命的配套措施。（需要農用化學藥劑嗎？那就建一座化學工廠。）

5. 農業和自然環境沒有絕對關聯。

綠色革命需要大眾的支持。但是現在因為已經有較多的個體戶投入農耕，一般認為市場會自行找到出路。目前主流的想法就是強調要增強、提高。持平來說，討論較多的還是投入和產出的比率，但至少因為社會和科學上的差距日漸縮小，我們會願意更重視社會層面的因素。當時（現在比較少了）傳統農民的技術被視為一種阻礙，而不是資源。

這些事跟青年農夫你有什麼關係呢？即使農業在近年有所進展，過去的脈動仍與我們同在。事實上，耕地面積擴大了，這就表示如果你的耕地很小，那麼在各種實際考量下，例如當政府較關注大企業，那麼你就容易被忽略了。

如果你想要嘗試工業革命前的傳統農耕技術，那麼你鎮上相關單位的辦事員可能幫不上忙，他們可能連傳統農耕體系所能提供的標準手冊都沒有。

不論是什麼原因，如果你不想採用現在的科技，包括方位種植法（position planting）、抗除草劑的基因改造種子（Roundup Ready seeds）等，可能有人會告訴你，科技是中立、良善的，不會造成意料之外的傷害。你也會遇到不少人說，農業和自然環境沒有絕對關聯。如果你是有機農夫，你可能會被視為邊緣人；如果你不採用最新的科技，就會被當成怪咖，這還是最好的情況。

在我們的世代，當我們試圖放下對人類聰明才智的依賴，而擁抱自然的智慧，正是試圖以生態的世界觀取代工業思維。作為年輕的農夫，你有很大的潛能可以促成改變。這在實際運作時對你有什麼意義，要視你的狀況而定。不過請你了解，在全球的生態變革上，以生態的方式耕種是極為重要的一環。這並不容易，但是如果不先從農業做起、實現永續發展，就無法促成整體的改變。省電燈泡和油電混合車不論代表什麼樣的價值觀，畢竟都是出自於工業的思維。生態農法所採納的生態和演化生物學律則，奠基於數百萬年來不斷形成的自然效能，就像大草原的生態系統一般，工業界則沒有這樣有系統的律則可以依循。

魏斯・傑克森是大地學會（The Land Institute）會長。他創立了美國加州州立大學沙加緬度分校（California State University, Sacramento）的環境研究系，並且擔任教授，但在一九七〇年代他回到堪薩斯州的家鄉，並參與創立大地學會。著作有《農業的新根源》（*New Roots for Agriculture*）、《自然法》（*Nature as Measure*）、《以土地為師：新農業的生態觀點》（*Consulting the Genius of the Place: An Ecological Approach to a New Agriculture*）；《在地生根》（*Becoming Native to This Place*）、《未經雕琢的石壇》（*Altars of Unhewn Stone*），另和溫德爾・貝瑞及布魯斯・柯曼（Bruce Colman）共同主編《達到土地的期望》（*Meeting the Expectations of the Land*）。

4

青年農夫的政治行動

——雀莉．平格利（Chellie Pingree）

如果你是已經投入農業的年輕人，謝謝你。如果你是正在考慮投入農業的年輕人，也謝謝你。少了你，很多改造糧食體系的重要變革都無法達成，而氣候變遷已經造成的毀滅性損害，當然更無法逆轉。我們需要你。我們真的真的需要你。

所謂「改造糧食體系」，我指的是讓更多人可以在飲食中納入健康的食物，讓我們可以種植更多不施用有毒化學藥劑的食物，並且將涵養土壤的耕作方式建立成一種標準，而不是例外。這代表進入供水系統的除草劑和殺蟲劑會減少；空氣汙染也會減輕；你所支持的食物配送網路，宅配的多半是附近農夫種出來的食材，跨過大半個國土運來的只占少數。

我看見消費者希望改變，而他們的需求比任何我所倡議的公共政策都還能改變農產市場。青年農夫們，你們絕對占盡天時地利。你們種出的產物將會改變我們的體系，而耕種以及供給食物的方法也將成為推動新政策的基礎。

耕作並不容易，我成年後大半時間都在務農，所以我很清楚困難所在，但我也知道收穫很豐碩。

或許你成為農夫的經歷跟我相似。我年輕時其實是最不可能成為農夫的那種人。我一九七一年搬到緬因州附近的小島、想回歸土地自給自足時，才十幾歲。雖然我挪威籍的祖父移民到美國，是為了獲得在明尼蘇達州南部深黑色土壤上耕作的機會，我卻是在明尼亞波利斯（Minneapolis）長大的。我離開家鄉時，更關心反戰、反威權，而不是成為農夫，也完全無法想像和祖先一樣住在小農村裡。我當時真是大錯特錯。

不過這篇不是要寫我自己，這是一封給你的信，要跟你分享我人生前六十年的所學，以及現在還在學的東西，可能對於你考慮成為農夫會有幫助。我有太多可寫：如何決定養什麼動物、種什麼植物、採用哪種農法、要開發哪種市場？我也可以寫怎麼經營農場才能獲利、怎麼永續使用土地、怎麼將所有必須做的工作排進一天的時程？不過在本文我只探討一項：身為年輕農夫，採取政治行動的重要性。

我想你選擇農業是因為你喜歡耕作本身的某些部分。包括具備需要你去多多理解與學習的工作技能：從天氣型態到土壤科學、作物的生理學、農場動物的習性和營養需求等。你得喜歡重複性的工作，很多都是日復一日、年復一年要做的事，像是養雞、給紅蘿蔔除雜草、給萵苣澆水、採收番茄、給乳牛擠奶、挖土、清洗等。寒冷的半夜你還得巡視穀倉，有小羊、小豬、小孩誕生的夜晚得徹夜守候，以防萬一，或是需要幫忙轉動胎兒，好讓母體能完成生產並開始哺育。

我不希望給農耕生活增添錯誤的浪漫，但是重複性的工作有其美好之處，而且重點是你要夠喜歡，才能平靜以對。這樣你才能在雙手勞動時，腦袋還能自由觀察和規劃下一步，並且思考如何提升農場的營運。這樣你才會感受到成就感、覺得耕作是有收穫且愉悅的工作。如果農場上的雜事對你而言就只是雜事而已，那麼你可能應該好好考慮是否要放棄了。

我所居住的緬因州，多年來有許多人搬離農場，但現在開始有越來越多人回流了，部分是因為他們將農耕視為一種政治行動。同時消費者越來越重視為自己和家人尋找更營養的食物，而當能夠找到的機會越來越多，他們也開始選擇更健康、美味的食物，並了解食物的來源。

這些都很棒，因為如果你選擇為這些人耕作，你的消費者會感謝你花費許多時間、以友善環境的方式，提供給他們美味健康的食物。這也代表當你能夠種出很棒的瓜果、番茄等蔬果時，你賣力的工作與技能比較有機會獲得較好的報酬。

我剛開始成為有機農夫時，情況並不是這樣。當我說我是有機農夫，大多數人都興趣缺缺，異樣的目光倒是不少。在農業學校很難找到永續農業的課程，也很難找到願意買我們農產、貼上有機標示的店家。幸好，我還是有我的市場。我所居住的鄉村社區有許多顧客，居民不見得有高收入，但他們很高興能買到新鮮雞蛋、能喝到一杯表面浮著鮮奶油的牛奶、買到的玉米不是經過多日運輸而來的、番茄和豌豆不是已經壓破散發出氣味的。我知道從我第一天摘下一片萵苣葉片，他們就充滿感激。

我原來只是農夫，但很快就對政治、糧食政策產生興趣。過去四十年來，我見證了許多改變。一九九〇年代初期、我開始耕種的二十幾年後，我進入緬因州的州議會，擔任農業委員會委員。當時有些法案提出標示基因改造作物、禁止或標示含有生長激素的牛奶，但兩黨的許多議員都不支持，在辯論中常批評主張建立有機標準的人，以及任何認為應該限制農藥殘留量或規範標示的人。他們認為消費者不應該知道太多訊息，擔心他們產生錯誤的想法。

現在我以國會議員的身分面對這些議題，我的重點在於改變糧食體系及農耕實務。雖然我們這些認為基因改造作物應該予以標示的議員有時還是會遭致非議，也很難在這些議題上贏得表決票數，但是每當提起這些議題，我們辦公室就會接到數千通電話及電子郵件，都是來自了解相關資訊的消費者，堅持他們有權知道所吃的食物到底有什麼添加物。當消費者提出要求、當市場風向改變、當華府的國會議員或美國各地的州議員每天都多了解一點如果想要代表他們的選民，那就要促成改變——這些，都讓我滿懷希望。

如果沒有青年農夫，以上這些改變就不能實現。最重要的政治行動終究要由你們發起，某方面來說，這很單純，只要證明你每天種出的農產品是我們想吃、也是我們想給家人吃的。我可以伶牙俐齒、雄辯滔滔，訴說為什麼我們需要大幅改變，但是除非你帶著你美味的番茄到農民市集，裝滿CSA認證的箱子，提供健康的食物給社區的各個家庭，並且販售你已經證實不需要抗生素也能飼養的雞，除非有你的參與，否則總是會有人說：「你說的聽起來不錯，但是不可能實行。」很高興有越來越多青年農夫每天勤奮工作，並且運用創意找尋更好的耕種方式。我相信我們可以促成全面的改變。

雀莉・平格利住在緬因州北黑文鎮（North Haven）的小島上，長期從事有機農業。自二〇〇九年起，她在國會中代表緬因州的第一行政區，積極推動永續農耕的聯邦政策。

5

土壤的富饒與否，取決於居住社群的社會與文化厚度

——韋爾林·克林肯博格（Verlyn Klinkenborg）

我所認識的大部分農夫以及我熟知的所有農夫，都是我的家人，包括祖父母、叔叔、阿姨、堂表兄弟姐妹。在我的記憶中他們都是很不一樣的人，很難說除了血緣關係和共同在土地上工作，還有什麼能讓他們聚在一起。我小時候總覺得他們很了不起，是愛荷華州任何城市人都比不上的。那已經是半世紀前的事，而且其中許多人都已經不在了，所以我現在很難說清楚到底為什麼他們能占有重要的地位。我想是因為他們的堅強、毅力、無止盡勞動和創造的能力，以及叔叔阿姨們說話的戲謔風格吧。我的祖父是成功的農夫，在家中排行第四，父親有一兩次試著解釋為什麼他並沒有成為農夫。我猜部分是因為他不懂那種戲謔——旁人

在說時他聽不出來，自己說話時也不會運用。

我看過他們年輕時的照片，我知道他們曾經年輕過，有些表兄弟也是小時候一起長大的，但是很難想像他們像時下年輕人這樣的年輕過，也很難想像自己曾經那樣年輕，因為他們一直都承擔著太多的責任。他們身上有種農場小孩常見的平靜與深沉，他們了解各種情況的後果：門沒關、水管結凍、馬蹄鐵掉了。我不是在說他們太嚴肅，我所認識的農場小孩似乎都有狂野的一面，但在耕作之類的正事上不會展現出來。狂野的性格，加上一貫的責任感，讓這些人擁有戲謔的風格。

我第一本寫有關農耕的書，叫做《曬牧草》（*Making Hay*），當時我很驚訝地發現家族裡的農夫對我有些敬重，原本我以為頂多給他們一個好印象而已。我在農場上是個麻煩人物，我怕機械，也怕很多動物。在鄉野間我有時會看到疲憊、無趣的農夫住在荒涼的農場上，晚上燈光照著佈滿車轍的地面，那些是經營慘澹的農夫。我身邊充斥著各種事物發展的結果，但是我從來沒有及早發現，都是經過指點才知道。我看著表兄弟所擁有的技能，看起來他們就像是生來操作各種機具的，我有時候會懷疑到底有沒有人教過他們，那我為什麼錯過了學習的機會？但是我想起來了，他們是從可以工作開始，就在這個行業長大的。

我很想把他們寫給青年農夫的信傳承給你們，包括我祖父、叔叔艾弗榮（Everon）或珍妮爾（Janelle）阿姨寫的。我很難想像他們會寫什麼，他們不是習於提供建議的人。當然需要時他們會告訴你怎麼做，但是他們大多會假設你有常識，而如果你夠幸運的話，具有常識將帶給你源源不絕的資源。當我這些親戚提及需要建議的人，你若仔細聽，會發現「需要建議」這件事，是應該要避免的。我在寫《曬牧草》這本書時，問了很多他們沒想過有人會問的問題，例如關於時間、份量多少、怎麼做和為什麼等等問題，不過我覺得他們後來開始喜歡回答我的問題，那個夏天充滿微妙、幾乎要散發芳香的戲謔氣息。

雖然他們其實沒有寫信給你們，但我想分享幾點，或許你們會覺得值得思考。我成長過程中遇到的農夫都是鄉下人，他們就留在出生地耕作。或是就在附近。他們不是來自於市區或城郊，也不太會去。他們接受的教育，是為了成為農夫而規劃的，也就是說幾乎都在農場上學習，不過男性農夫服役時也會受到軍隊影響。總之，農耕之於他們，從來就和流行無關。

他們是傳統農夫，而他們的創新通常偏向於更精良的機械、提高收成、減少勞動時間、嫻熟使用愈益複雜的財務工具等。我的親戚在愛荷華州西北部耕作超過一世紀，他們所遵循的是美國農業部所制定的標準。在農耕的世界中，生存和成功基本上是同一回事。

是這些條件造就了最好的耕作方式嗎？並不是。我的阿姨們和叔叔們（我的父親也是）出生於社交活絡且具有積極文化的鄉村地區，那裡的農場和小型農業城鎮很多。在二十世紀，鄉村人口急遽減少，很多家庭離開了，他們的農地也消失了。而社會與生物多樣性降低的同時，民主體制也式微了（有興趣的話可以比對愛荷華州一九一五年至今的物種數和每單位鄉村面積的選票數）。這場持續上演的悲劇，還有很大的層面沒有發掘探討，愛荷華州在過去一世紀的農耕史簡直就是一場可怕的演化過程，更糟的是，當地若無其事地維持著一種「選擇幻象」，以為這是自由意志選擇下的結果。

要耕作成功，或許不需要一套自由意志的理論，或許你不需要理解，「鄉村」這個概念的定義根本超出鄉村居民的掌控之外。或許沒有必要去了解你所身處的體系，這個體系有它自己的規則，並不考慮你的福祉。但我想以上這些都還是有它的重要性。在現在這個時代，你要耕作成功，就要激進。反覆地、日復一日地，把你自己變成十九世紀英國農夫暨改革者威廉・柯貝特（William Cobbett, 1763-1835）所說的，「務實的激進主義者」（practical radical）。

最近有很多年輕人投入農耕，在心理上，這背後的動力就是流行，讓人以為這股新的農業運動潮流比它實際上還來得強大。這股能量會不會很快就停滯了，多數擁有無數其他選擇的年輕人，是否也會很快就退出？他們會再次作選擇，並且是不同的選擇嗎？我已經觀察到改變了。這場農業運動的珍貴之處，並不僅止於技術或哲學層面，而是人口減少、變質的地貌，歡迎著農夫回流。只要開始耕作，土壤的富饒與否就取決於居住社群的社會與文化厚度。

這聽起來像是隱喻，但並不是。我所要表達的，就是它字面上的意思。我認為我所說的那種社會與文化厚度，當然指的是共同的資產，可以在一些代表性的人物身上觀察到。這樣的人，可能是他或她，就像奧爾多・李奧波德一九三九年樂觀但仍然重要的〈身為生態保育者的農夫〉（The Farmer as a Conservationist）一文接近文末處，帶領我們參觀他威斯康辛州農場的那位「未來農夫」。李奧波德所描述的是他所期望的好農夫，重視過往歷史，也同樣追求進步，對於自然的各種現象、前輩的智慧以及科學知識，都懷有極高的敬意。這樣的農夫有時遇得到，但比較務實的期望是，這樣的美德體現在一整個社群的農夫身上，而非單一的個人，但是在我有生之年，卻是看到農夫社群逐漸被傳統農業破壞了。

韋爾林・克林肯博格的著作有《曬牧草》、《提莫西，不幸的爬行動物》（*Timothy; Or, Notes of an Abject Reptile*）和《關於寫作》（*Several Short Sentences About Writing*）。目前任教於耶魯大學，與妻子雅莉珊卓・恩德斯（Alexandra Enders）住在紐約市以及紐約州的哥倫比亞郡（Columbia County）。

6 跟隨你的心和直覺吧

——凱倫．華盛頓（Karen Washington）

親愛的青年農夫：

我寫這封信是因為我關心農業的未來，我在你眼裡看到種植作物的熱情，但我也看見你的疑慮。我知道農耕很辛苦，至少不是光鮮亮麗的職業，但從僅僅一世紀以前困擾我們的恥辱與傷疤到今天，已經有長足的進展。

我要跟你說，年輕的農夫啊，跟隨你的心和直覺吧。我們的祖先一直與你同在，你要仔細傾聽心的脈動、呼吸的節奏、手掌挖向土壤深處時所感受到的震顫。要謹記，你來自於務農的民族，他們懂得如何種植作物、維護土地。對於土地的熱愛和大自然之間，存在著一種共生關係。

一大清早，傾聽鳥兒的鳴唱，迎接新的一天。露水輕覆在土地、植株上，嗅聞清新涼爽的空氣。是的，年輕人，你是大地的一份子，你會向下一代傾訴什麼樣的故事？他們要如何了解失去四十英畝土地和一頭騾子，但仍排除萬難尋找農地的一群人？

我年紀漸長，為了食物正義和社會正義已身經百戰，但對於持續對抗種族主義之惡的人來說，我做的仍微不足道。雖然你看不見手鐐腳銬，但是請你認清傷害依然存在，這你也已經知道了。從你出生起，你就知道你是特別的，你知道成功的路途漫長而艱辛，不過就像被風吹彎了腰的樹，仍擁有強韌的樹根，你也一樣強韌。

年輕的農夫啊，盡可能地學習農耕與人生吧。聽前輩的話，因為他們具有智慧，他們會告訴你不用化學藥劑、殺蟲劑的種植方法，可以光嗅聞或品嚐土壤，就告訴你這土地適不適合耕作。不論你學到了什麼知識，都請和其他人分享；不論你種了什麼，都請跟農產較少的同伴分享；要準備好迎接未來的挑戰，不過同時也請記得，你並不孤單。

你選擇成為農夫，我非常以你為榮，我要給你我的愛與祝福。請記得你是站在偉大的肩膀上，你對土地的愛將通行無阻。

永遠的愛，
自然大地。

凱倫・華盛頓是行動主義者也是農夫，她在紐約州橘郡經營茁壯紮根農場（Rise & Root Farm），並且在紐約州布朗克斯區（The Bronx）共同創辦了都市黑人農夫組織（Black Urban Growers，BUGS）。

7 農業會消失嗎？

——瓊・迪・古索（Joan Dye Gussow）

我種植糧食作物已經近五十年，而且至少有二十年是全心投入，但我從來就不需要替我土地上的農產做宣傳行銷，所以我要先說明我和你們在這個產業中的立足點大不相同，不過還是希望我的分享對你們有所助益。

我開了一門糧食與環境課程，其中一篇課堂讀物是一張橫跨好幾頁的表格，記錄美國農場數量在不同年份的變化，以及務農人口的消長。歐洲人來到北美後，為了填飽肚子，幾乎人人都種些東西。但在一七九〇年到一八九〇年之間，美國的人口從四百萬增加到六千二百萬，務農的人口卻減半了。到了二十世紀初，還有超過三分之一的人口在耕作，大部分人都有農夫朋友，許多人的近親務農。

我父親的家族曾經在愛荷華州務農，我的大伯在我小時候還在耕作。在大蕭條的年代，我們家族為了度過難關而賣了一些農地，還記得支票送到時，我的母親終於鬆了一口氣、坐在家門前哭了起來。但是我從來沒有在農場上生活過。

在黑色風暴事件（Dust Bowl）*對土質造成莫大傷害後，一九四〇年代又有南部佃農大量移出從事戰時工作，因而一九五〇年時農耕人口已經降到總人口的十二%。而第二次世界大戰後，「現代」農業興起，標榜聯邦政策主導、大型機具以及作物用的化學藥劑，造成當時的農場開始擴張。那時的口號是「擴張，不然就改行」（Get big or get out），而事實也是如此，一九五〇年到一九九〇年間，農場的規模成長到兩倍以上，而在此同時務農的人口從二千五百萬遽減為四百六十萬人。

一九九三年，只有二%的美國人住在農場，政府認為實際務農人口太少了，少到不值得計算。美國人口普查局（US Census Bureau）在一九九一年最後一期的《農場與鄉村居民報告》（*Residents of Farm and Rural Areas*）中寫道：「農場居住人口已經不再是可靠的指標，不足以反映該人口是否確實從事農耕。目前已經沒有充分理由針對農場居民與農耕人口分別製作兩份報告。」

時至今日，農場的規模仍不斷在擴張，但擴張的速度已經不如以往，而農場數量仍在減少，農夫的平均年齡也不斷提高，二〇一二年的普查數字是五八．三歲，農民人口老化的現象至今已經持續三十年了。三十五歲以下的農民僅占六％，我想這個數字指的就是你。

用這些統計數據畫出未來趨勢圖，就可以推想你將往哪個方向走。經濟學家史都華．史密斯（Stewart Smith）發現，花費在食物的金額當中，分配到農民口袋的比例越來越低，因而他曾經提問，美國農業未來還會存在嗎？的確，只要到超市去逛逛，你就會開始懷疑美國的農業未來還會不會實際產出糧食，因為現在已經有數百萬英畝的農田是用來種植畜牧業飼料、汽車生質能源，以及製糖所需的玉米。史密斯的問題一點也不笨。

那麼你在這當中扮演什麼角色呢？你所生存的世界，已經很少人認識農夫了，而「食物」也只是包含數萬種產品的一個類別，跟土壤之間說不上有什麼關聯。我也很懷疑你的家人會希望你當農夫，所以我推測你加入農業是因為你想要替人們種些真正的食物；不是商業作物或原物料，而是人所吃的糧食。雖然雜貨店一般都有約四千種商品，不過在你加入農業的當下，那些看似食物的商品銷售量已經在下滑，農夫市集的數量越來越多，新的糧食供給方式

＊黑色風暴事件，是一九三〇到一九四〇年左右發生於北美的一連串沙塵暴侵襲事件。由於北美大平原表土受乾旱、深度開墾破壞，風暴來襲時捲起沙塵，嚴重影響了大草原的生態及農業。

開始變得可能。

一般的美國人，即使不記得家族中有誰種過田，都開始對農夫市集中的健康的小伙子感到興趣，也越來越了解到比起大型企業，這些農夫才是真正安全、營養食物的生產者。我們已經在美國各地規劃要讓學童認識農夫，也在學校的校園學習食物是怎麼種出來的。在某些地方，農夫甚至被視為光彩的職業，雖然他們自己心裡清楚每天實際的生活根本不是這麼回事。

這一切代表著，你將能夠為實際吃下食物的消費者而耕種，而不只是供貨給企業。你有時、甚至時常可以遇到喜愛你作物的人，或者在當地農夫市集的攤位上遇到婦人眼眶泛淚地說，自從四十年前親手採收過地瓜後，就從來沒有看過像你種得這麼好的地瓜了。所以，雖然從事你所愛的這項工作可能賺不了太多錢，但你很可能可以帶給許多人快樂。謝謝你供給糧食給我們。

瓊．迪．古索是哥倫比亞大學師範學院營養教育學程的榮譽教授，曾任學程主任。目前住在哈德遜河（Hudson River）西岸，從事寫作並種植有機蔬菜。雖然退休已久，她每年秋季仍會回到哥倫比亞大學開設營養生態學的課程。她至今已著作、共同著作、主編五本書，包括《糧食網絡：營養生態學》（*The Feeding Web: Issues in Nutritional Ecology*）、《有機生活》（*This Organic Life*）、《成長、老化：生死與植物紀事》（*Growing Older: A Chronicle of Death, Life and Vegetables*）。

8 生命發源於內心深處

——拉吉・帕迪爾（Raj Patel）

所以，令人尊敬的先生，除此以外我也沒有別的勸告：走向內心，探索你生活發源的深處，在它的發源處你將會得到問題的答案，是不是「必須」創造。

——《給青年詩人的信》*，萊內・馬利亞・里爾克

帕迪爾家族世代是地主階級。我的家人曾經和你一樣務農，不過那是好幾個世代以前的事。在大英帝國將印度納為屬地的幾個世紀後，我的祖先在喬治五世時代從印度遷移到英國

* 摘文引自〈第一封信〉。

的殖民地斐濟和肯亞。而幾個世代之後，在伊莉莎白二世女王的統治下，又來到了倫敦。

在倫敦，他們和其他也是姓帕迪爾的人一樣努力打拚，現在這個姓有了新的意義，他們成了超市老闆。

我無法從土地的角度給你們什麼建議。我曾經看著農產品被製作成塑膠，見過我的家人因為販售菸草、高果糖玉米糖漿以及油炸食品而致富，也看過他們身受自己販售的商品所毒害。

我無法提供建議，但是里爾克給青年詩人的訊息對你同樣也適用。請聽聽他說的話，看看你生命發源的內心深處。

看看天堂，然後認清這一點：我們永遠看不到里爾克所描述的藍天，人造的汙染使天空變黃，世界各地皆然，在未來幾世紀也將持續。我們的雙眼已經失去了藍色，我們將只能在小說、電影裡看見，或是閉上眼，只能在夢裡看見。

看看雨水，不是傾洩而下就是連一滴也沒有，只是偶爾給你幾英畝的地帶來一點生機。我們對天空所造成的傷害，你必須透過耕作土壤才能倖免。

所以，看看你腳下的生命湧泉，看看這將能拯救我們的土壤。

好好探索這生命的發源處。當天空蔚藍，它並不屬於你。在白人來到這塊土地之前，它不屬於任何人，因為在征服之前，土地根本就沒有所有權；當白人用鐐銬將非洲人帶到這片土地，農業中並不存在金錢交易。如果你擁有腳下的土地所有權，那就是非法交易偷來的商品。

北美洲是拓荒者的殖民地，在子彈和選票之間寫下它的歷史。在你成為農夫的幾世紀前，這裡的農業充滿砍伐、燃燒、統治，而人類不過是眾多動物的其中一種。那些農夫的知識和語言，都沒有消失，他們還活著並且仍奮鬥著。請聽聽他們的聲音。

如果你想看看「你生命發源的內心深處」，那就投擲一顆石頭，然後仔細聽它濺起的水聲、傾聽你土地上的祖先說了什麼，從他們灑在土地的血液裡，尋找鐵一般的剛強，讓自己成為土壤的歷史學家。

作為農夫，你已經是農學家、經濟學家、獸醫、土壤化學家、微生物學家、基因學家和氣象學家。多學一項探索內心的新能力有益無害，儘管可能會讓你覺得不自在。

我的家族離開祖先耕種的土地，已經過了四代。那塊田地現在有別人在耕種，所有權並不在我手上，我已經搬到美國了。但是我依然記得。我還沒有忘記所發生過的事，以及在歐洲殖民和白人優勢文化下的地球發生過什麼事。你也不該忘記。

所以，看看你的土地的源頭，看看你的土地、看你自己、看我，看那些誤解我們的人、我們誤解的人。並且理解生命之源要能維繫，就需要展望明天、修復昨天的農業。敞開心胸去理解那些政治、那些聲音、私有財產權已經太過氾濫的宇宙，以及開始於你之前、結束於你之後很久的生命。

看看你土地上發生的事，然後彰顯它。新近發生的事就像墨汁潑灑在地表，你可以用刀片把文字刮下；較久遠的事就如同陰刻，你可以用指尖去感受。

燃燒它，然後掩埋它。

不然，至少燃燒點什麼：例如特權、主權、權利。讓自己適應事物的現況，不論你燒了什麼，都看看它，然後讓它歸於塵土。

依照里爾克的建議，探索生命之源，再種下解除殖民的種子，讓殖民地陷入動盪紛擾。

我沒有什麼建議。里爾克的建議對你我來說都已經足夠，從在你之前的生命，追溯在你之後的人生，再想像一個全然不同的世界，在這個世界中，人們懂得尊敬已逝者與未出世者之間的生命之鏈。

這並不算是建議，而比較像是邀請，邀請你閉上雙眼，用不同的角度幻想生命的連結，並努力追求你有生之年永遠不會見到的藍天。

拉吉·帕迪爾是南非羅德斯大學（Rhodes University）人文學科的資深研究員，也是美國德州大學奧斯汀分校公共事務學院（Lyndon B. Johnson School of Public Affairs）的研究教授。他的著作有《飽食與飢餓：看不見的世界糧食體系戰爭與空無之價值》（*Stuffed and Starved: The Hidden Battle for the World Food System and The Value of Nothing*）。

別忽略冬季農產品市場

——芭芭拉・丹若許（Barbara Damrosch）

今天早晨醒來，發現秋天的第一道霜寒，草地和農田都轉白了，花兒都凍死了。真是謝天謝地。

我很愛花，但是要照顧、收成，再製作成獨特美麗的花束等等瑣事，已經從四月初持續到現在，我已準備好要轉換日常的例行工作了。現在我可以多專注在寫作，但同時還是要處理農場的行政工作，以及為團隊準備週五大餐。

這是農場最繁忙的時候，我們專精冬日的農產，不過夏天還是需要員工，種植要收藏進儲物間和地下室的農產，以備冬天時可以販售。種花的收入可以用來支付員工夏天的薪水，還有一些特殊的作物和雞蛋，可以支撐我們到冬天，冬天才是主要的獲利季節，我們的溫室將可以產出新鮮的作物。因此我們稱之為四季農場。我們的農場不是你所知道的典型農場，不過現在大概也沒有什麼典型農場了，每個農場都不一樣。

現在在農場出生、從事農耕的人已經比過去少了，即使家族擁有可耕種的土地，父母或祖父母也不見得能指導你耕作，就這一點來看，我們可說處於「孤兒農夫」的世代。有些人去上農校，學習所需的知識，有些新加入的農夫則是對小規模的有機農法較有興趣，但是這就不在正規的課表上了。這些農夫透過閱讀學習，也會參加研討會、加入永續農業的組織等，例如我們緬因州有有機農耕與園藝協會（Maine Organic Farmers and Gardeners Association, MOFGA）。不論你住在哪裡，都會有這種以州為單位或區域性的組織，大部分會開設相關教育活動，你可以從其他年輕或資深的農夫身上學到有益的建議和交易經驗等。MOFGA的農夫面對面大會（Farmer to Farmer Conference）就是如此，規劃了三小時的工作坊，大部分是交流資訊，是很值得仿效的模式。

最好的學習方式之一，就是直接在農場工作。如果你才剛進入這個產業，可能你們只有兩個人，或只有你自己獨力打拚。但當你的農場開始擴張，就需要僱用幫手；當你活到七十幾歲，像我們現在這樣，農場上有幾個二十幾歲的小伙子會很好用。我們很喜歡跟他們分享畢生所學，有些是基礎的農業知識，例如怎麼培養肥沃的土壤並保護好它；怎麼種出最好、最多產的作物並且能夠獲利。不過每個農夫都有他的偏好，曾經在我們農場工作過的人，大部分是自己規劃了要嘗試幾種規模、目標，甚至氣候不同的農場，而我們的農場只是其中之一。在選擇一個農場定下來之前，透過這種方式比較容易決定自己真正想要在哪個地區、經營什麼樣的農場。所以有時候當個孤兒也是件好事。

我建議你選擇一個經營成功的農場，然後努力工作。農場經驗越多，就越有機會得到工作，不過經驗也不代表一切，有堅強的體魄、工作的熱情也都很好，不過最重要的是要聰明（intelligence）。優秀的員工懂得向前看、時時意識到遠景何在，並且能夠預期接下來的步驟；在此同時，他們也能依照指示謹慎執行，在不確定下一步時也會尋求清楚的說明。農夫們可能會忙到沒時間停下來為你詳細解釋，所以把自己當成海綿吧，多觀察、提問，並了解農夫怎麼作年度規劃，以及如何籌謀未來。

對青年農夫來說，最困難的可能是取得土地這件事。一九七〇年代，當我開始想要耕作時，根本不可能買得起土地，所以我當時只能自稱是景觀設計師、作家。一直到一九九一年我嫁給艾略特・柯爾曼（Eliot Coleman），才終於一償宿願。艾略特是農夫，他一九六八年在緬因州以很優惠的條件向海倫和史考特・奈林（Helen and Scott Nearing, 1883-1983）*夫婦買了一塊地，史考特當時八十五歲，他很希望把部分土地傳承給健壯的年輕人，並以永續的方式耕作。這是值得仿效的模式。現在有很多「農場連結」(farm-link)的計畫，介紹新手農夫透過購買、承租或其他方式，連結上希望自己的土地能夠獲得運用、改善的地主。剛起步時或許可以透過美國農田信託(American Farmland Trust)或永續土地(Land For Good)等組織，不過最理想的資源可能就是在地的土地信託，光是在附近到處問問就可能得到可觀的成效。你也可以考慮獨戶農場之外的選擇，例如和他人建立夥伴關係、加入育成農場，或是和一群農夫共用機具設備、包裝處理區、攤位或市場的社區型耕作。

農場的所在位置會不會讓你的產品比較好賣，這很難估算。最近越來越多小型農場出現在城市周邊，以及夏天會有闊氣遊客的度假區，這些地方的消費者通常比較重視食物，也願意多花點錢在當地有機或特殊的農產，不過這些地區的競爭也比較激烈，尤其地價偏高。不過以我個人來說，我希望好的食物能多加推廣，或許比較可行的方式是，到地價和其他成本較低的地方去，雖然這樣一來產品售價也要調降，或是要想辦法把你的農產運輸到市場。我曾經看過原先農業不發達的地區，因為有先鋒農夫的努力，吸引了更多食品相關的企業進駐，並且建立了一個在地農產市集。即使在我們這個區域，我都發現設立農產行動攤位，讓我們形成了新的銷售據點，也吸引了其他人加入，最後還發展成為我們最棒的市場。

你想要什麼樣的農場？除非你資金雄厚，最好的方式顯然是從小規模做起，就像史考特・奈林常說的：「能付多少就先做多少」（pay as you go）。購買旋轉式耕耘機、牽引機、電動沙拉瀝水器都可以，不過要分開買，不要因一次付清而負債了。如果你想要擴張就擴張，但如果維持小農場可以帶給你更多滿足，那就維持這樣，不要在意別人的批評。聯合國等單位很多有力的研究都顯示，小型農場就足夠餵飽整個世界。

也請你記得，涵養土壤並沒有捷徑，如果你的農場長滿了樹、到處是石頭、貧脊荒蕪，就像艾略特剛起步時一樣，那是不可能一夜之間就發生奇蹟的。不過一小塊空間能種的東西其實多得驚人。曾經和我們共事的一對年輕夫妻，剛開始是在父母家的門廊上種菜苗，經營得相當成功，後來才換到較大的田地去。另一個適合小面積栽種的是蔬菜和花卉的幼苗，消費者會喜歡沒有施作化學藥劑且品質顯然優於園藝店盆栽的種苗。

不論你是走量販、零售或是兩者皆做，都部分是市場決策也部分是個人選擇：你喜歡和客戶互動或是寧願跟你的羊群混在一起？或者CSA模式也是個好方法，客戶會在特定日期來領取一箱食物，也可以讓你在季初最需要資金時，就有進帳。

你在投入農耕時最好就先認清你不太可能賺大錢，很多年輕人根本就經營不起來。其

＊史考特・奈林，美國經濟學家、作家，在政治上相當活躍，主張簡單生活。與妻子合著《過好生活》等書。

實如果家裡有人出去做別的工作，不論是暫時或長期的貼補家用，我覺得沒有什麼不好。另外，加值的產品也可以增加你的獲利，例如果醬、醃漬食品、發酵食品、大蒜串、編織品等等，還有很多其他的可以發揮。甚至我和艾略特的寫作工作也可以算是，因為我們的書寫幾乎都是關於種植，而農場給了我們自家的書寫題材。

有些人適合農場生活，因為就是在家工作。而一個農產攤位可能擴張成一間小商店或咖啡店；沒有使用的穀倉可以挪來舉辦晚餐、舞會、音樂會或講座；農場婚禮也開始大受歡迎，即使比較簡單純樸的也有愛好者。我們參加過一場婚禮，有個羊圈滿是咩咩叫的小羊，營造很歡樂的氣氛；還有另一場婚禮是前庭草地上的一對羊駝就這樣交配了起來，也給賓客帶來不少樂趣。

另一個提高收入的方式，是取得美國農業部的有機認證。很多採用有機農法的農夫認為沒有必要，因為認識他們的人都已經建立信任感了；另外就是有機標示氾濫的現象也造成近幾年形象不佳。傳統經營方式在農民市集或農產合作社可能還可以，但要進貨到超市就要有有機標示才能賣到好價錢。你可能會很驚訝，主流商店其實很願意販售在地、有機商品。

冬季農產品是常被忽略的收入來源。大中棚溫網室（high tunnel）或拱形溫室（hoop house）的建置成本不如你想像的高，而且很快就可以回本。採用小拱棚的話成本更低。若是專種耐寒作物如胡蘿蔔、菠菜，你可能只需要一點點溫控設備或是可能不需要。我們則是把溫室用來做清洗、包裝、育苗的空間，也能節省成本。〔艾略特寫的《冬季作物手冊》（*The Winter Harvest Handbook*）裡有更詳細的說明〕。很多農夫在冬季只想休息，不過也可以考慮減少夏季的工作量，將工作平均分配在一整年中，你會發現未開發的冬季農產品市場也很棒。

到頭來，農夫要確保能糊口，最好的方式就是學習做得更好。農耕的工作讓你在雙手忙碌的同時，腦袋也有充分的時間思考，隨時去想有沒有哪個步驟可以更有效率？你可以改造哪個機具讓它更好用嗎？或是可以減少購買材料而採用覆蓋作物來增加土壤的肥沃度？你有沒有足夠的空間可以輪種作物和草地？你能夠自種牲口的糧食，好降低有機飼料的高額花費嗎？你可以多花點心思在土質上，好增加作物產量嗎？

農夫們常常要面對這些挑戰，但我覺得現在的年輕農戶如此辛苦是因為他們通常孤立無援。早期的農家會有祖母、阿姨和比較年長的手足可以幫忙照看小孩，但現在只要生了孩子，父母的其中之一就要放下牽引機、離開耕地，而且沒有人可以替代他或她的勞動力。除非能夠找到臨近住家的工作，否則農場的營運勢必要辛苦一陣子。不過方法是人想出來的，我的朋友珍．波特（Jen Porter）在她的溫室裡弄了個玩沙區，然後從溫室頂的桁條架了個鞦韆，她七歲的兒子歐利（Ollie）自己還種了生菜，帶到學校去賣給老師呢。我的繼女克拉拉

（Clara）她四歲的兒子海頓・喬治（Hayden George）會撿雞蛋、小心翼翼地放到盒子裡，然後很驕傲地宣布當天的總成果。孩子稍大後，就能真正幫上忙，而農場生活很能凝聚家庭團結的氛圍。多數父母覺得讓孩子在農場長大很健康，不論最終是否也成為農夫，都可以累積豐富的生活經驗。

二月了，辦公室窗外的金縷梅要開始開花了，我也期待能有早開的水仙，這兩種花可以捆成一束，或是用貓柳搭配第一批綻放的鬱金香。我將沉浸於花朵的美，年年如此。同時，我五歲的孫子派特（Pat）越來越常來玩，他很愛拔胡蘿蔔，那是他最愛的食物。有一天，我也沒教他，他就把胡蘿蔔一根一根拿給我，讓我削掉蘿蔔頂部的莖葉。他帶了一些回家，要了一張凳子，就自己在流理台洗了起來。如果問我的話，我覺得可以請他來上班了！

芭芭拉・丹若許是農夫、作家，她的著作包括《園藝入門》（*The Garden Primer*）和《四季農場的園丁食譜》（*The Four Season Farm Gardener's Cookbook*）。十二年來她在《華盛頓郵報》寫每週專欄「廚師種菜趣」（A Cook's Garden），她也和丈夫艾略特一起主持學習頻道（The Learning Channel）的電視節目「自然種蔬菜」（Gardening Naturally）。他們在緬因州哈伯塞德（Harborside）經營四季農場，種植蔬菜。

10 耕種就像看著好消息發生在自家後院

——蓋瑞・保羅・納卜罕（Gary Paul Nabhan）

親愛的充滿希望、努力工作的青年農夫：

首先要向你說抱歉，因為先前我並不了解你對農耕社群的重要性，以至於沒有給你更多的支持，讓你所投注的志業受到更多關注。我從事農牧相關的寫作已經四十年，但我很擔心沒能達到預期的目標，因為我沒有寫到對你的健康、福祉至關重要的那些事。我一直很投入留種、育種、土壤，以及生產糧食的土地的水源，以至於一直忽略了最重要的事，就是這些資源要能留存、發展，最需要的是聰明、熱情、精力充沛，並極富創新力的農夫和農工。

所以，如果你願意原諒我過去一直忽略了你所面臨的緊迫議題，那麼就讓我直截了當地談談：一、在無法為青年農夫提供完整保障的經濟體中，青年農夫該如何達到成功；二、請謹記耕作比較像心靈的召喚，而不僅是職業或工作。

一位種植穀物的農夫曾很直白地對我說：「如果你投入農業是以為每年會有錢賺，那你倒不如去賭場試手氣算了，你的運氣可能還更好些。除非你是因為喜歡、因為感受到這個領域的召喚，不在乎能不能達到收支平衡，否則最好不要務農。」

我想先談第二點，因為除非廣義地談有價值的事物，不然我對經濟學實在不太拿手。在我的理解中，農夫就像僧侶、入世的宣導者或是沉思的隱士，因為最終重點都在於堅持走在性靈的道路上。你必須要有認定這是天職的信念，不然從事這個行業在經濟、社會、政治層面上似乎都說不過去。你們當中只有極少數可能光靠著務農而致富（遑論維持財力）、出名、掌權，或得到一夜情。

儘管如此，你會獲得很多：在美到爆炸的清晨起床、看著各種動物顫抖著迎接新生命、看見果樹的花苞開成滿樹的繽紛、感受貧瘠的土壤復原而再度豐饒。如果這些不是歡慶造物主顯靈的狂喜時刻，我還真不知道那算什麼。耕種就像看著好消息（Good News）就發生在自家後院。

不過你也需要對造物主懷有信仰才能度過難關，包括該死的蝗蟲、不按季節來襲的寒流、疾病纏身的作物、被法拍、跟鄰居或合作夥伴吵架，以及生活壓力下的各種傷心時刻。

請注意，我沒有說必須要堅定不移的信仰，因為有時你可能需要轉個彎才能生存。你可能也像約伯（Job）＊一樣會咒罵你所信仰的神，那至少選個可以聆聽也能原諒的神吧，你會需要祂的，因為我認識的大部分農夫（包括我自己在內）都會搞砸一兩次，或三次，或十二次，或一萬兩千次。光是禱告可能無法讓你深陷泥淖的牽引機或前置式裝載機動起來，但天助自助者，不管你是用手動或電動絞盤都一樣。

來談談經濟學吧。雖然過去半世紀以來，每英畝的產量大為躍升，但一般農夫的每英畝收入並不比他們祖父輩在一九五〇年時多，主要是因為土地和其他成本漲價的幅度，超過了消費者願意額外支付的費用。當然也有例外，希望你可以設定目標成為那例外。不過也有越來越多農夫支撐不住沉重的負債，不只在美國，全世界農夫的自殺率在所有職業當中名列前茅。

以我的薪資水準而言，我也不夠格給你經過驗證的中肯建議，不過我可以很肯定地告訴你，有些事千萬不要做。如果借得到或租得到，就不要買昂貴的機具設備；不要光是為了明

＊聖經約伯記中的人物，對上帝極為忠誠。撒旦為了向耶和華挑戰、測試約伯的忠誠，給了約伯許多苦難試練，約伯終究開口咒詛自己出生的日子，並向上帝吶喊何以讓他繼續活下去。

媚的風光就買了四百英畝的大農場，結果只有二十英畝能耕種，生產所得根本不夠支付整個農場每月的貸款。可以為不同市場栽種多元的農產，不過至少要有一樣獨特的產品是餐廳或消費者在別處買不到的。另外也要有一些農場之外的收入來源。

還有，無論如何，買個涵蓋意外、受傷、憂鬱症等的健康保險。不要覺得美國精神就是苦幹實幹，而把自己或是夥伴累出病來。要禱告，但是不要要求造物主在你要繳各種費用的前一天回應你的祈求，你如果太常這樣祂可能會生氣。

耕種教給任性人類的最重要一課，就是要時時謙卑。它提醒我們，我們從來就沒有擁有過掌控權，面對大自然和經濟體系的複雜性，我們搞錯的機率還比較高。

此外，身為農夫，你和神的距離無比親近，因為你是受邀和祂一起創造並管理這地球上一塊美麗的地方。只要投入足夠的關愛和努力，你就會發現土地有足夠的自癒能力，可以撫平創傷並產出更豐碩多樣的成果，而在過程中，你或許也被療癒了。神也會和其他行業建立合作關係，但祂不太會邀請機械工、公車司機或櫃檯服務人員一起創造，至少不像祂召喚農夫那樣親密。

我能記得住、能感受的有限，可能推論得有點太過，不過我認為造物主選擇農夫、林務員、棲地保育者作為世界的黏著劑，讓它不至於分崩離析。我們是生命的聖潔與髒汙之間的聯繫，也連結動物、植物、泥土與奇蹟，連結土壤與心靈。來自南部的地權平均論者（Southern Agrarian）羅勃・潘・華倫（Robert Penn Warren, 1905-1989）等人在近一世紀前就已經提出這樣的論點，不過我覺得現在聽來反而更加貼切。

祝福你的工作，願造物主為你的傷口、疤痕和苦難敷上潤膚霜（Udder Balm）般的慰藉，祝你祥和平靜。

蓋瑞・保羅・納卜罕是全基督教聖方濟各的修士，他喜歡探索植物，育有一百五十種祖傳（heirloom，未經人工改良）蔬菜與堅果，他嘗試過其他型態的農耕但都無法維持收支。他曾經寫過書，但在一條暗巷裡遇見謬爾（Mule）修士之後，他現在都只寫短詩了。

11

播種之前就要先想好銷售計畫

——瑪莉．貝瑞（Mary Berry）

在答應為這本書寫封信給青年農夫時，我心想「終於接到了一個我超級有資格寫的邀稿」，畢竟我是肯塔基州務農家族的第八代了，我的丈夫也一樣。我們兩人都五十七歲，大約是美國農夫的平均年齡。我找不到肯塔基州農業人口的平均年齡，但是在這個行業中所見，我們還算年輕的！不過就算超級有資格，並不代表這封信就好寫。事實上，我有太多話想對你說，光是要思考從何寫起就折騰了一番。

我寫寫停停了好幾個月，一直有三個困擾，所以我乾脆告訴你我的困擾吧。首先，我基本上不想鼓勵你過這種我覺得超級困難、艱辛，有時還很傷心的生活方式，除非你可以靠耕種糊口（這後面再談）。從事看天吃飯的工作，光是作出這個選擇，就是大挑戰，但是我也不想勸退你從事我所想得到的最棒的工作，更別說它是最必要的工作了。第二，我在全國各地所遇過的年輕人，跟三十五年前我一起長大、一起投入農耕的朋友，非常不同。我們世代都是農夫，來自於農家，而讀這封信的絕大多數讀者則否，這不見得是好或是壞，就只是不同而已。第三，現在的農業已經改變很多了，至少在肯塔基州是如此，相較於多年前我回到家鄉務農時，已經截然不同了。說到這點，就讓我從這裡開始談吧。

我成為全職農夫的多年以後，成立了貝瑞中心（The Berry Center），持續家族的農耕工作。我們第一次的聚會，就是慶祝我父親的著作《美國的不安》（*The Unsettling of America*）出版三十五週年，當我在寫開幕致詞稿時，我想起一九八一年回到家鄉的原因，當時想起來感受更加強烈。當時因為有聯邦菸草計畫（Federal Tabacco Program）*，所以小型、多樣化的農業經濟發展得不錯。這個計畫相當複雜，我的祖父老約翰・貝瑞（John M. Berry Sr.）就是主要的起草者之一，他本身是農夫也是律師。我的父親溫德爾（Wendell）曾經說，我的祖父面對的是重要的工作，他就這樣扛起來了。我成立貝瑞中心，也是扛起來了。

菸草計畫不是補貼，而是提供給生產者價格支持，建立配額機制，協助控管產量，並且讓農夫脫離大起大落（大部分是大落）的經濟型態。透過這個計畫，農夫可以配合他們的菸草植株去規劃整個經濟年度，可以支付農場的開銷，也能夠取得營運資金。這是我所知唯一一個有達到預期效果的農業計畫，確實能夠代表農夫的權益。因為每個農場有各自的菸草基準，或稱為配額，促進了適合肯塔基州地理環境的耕作方式。例如我們的農場總面積二百英畝，分配到五英畝可以種植菸草，我們就只耕作農場上土壤最不易流失的區塊，而在四周種植多年生的作物，例如牧草、乾草作物，還有幾英畝是自家食用的穀物。

這個計畫為我們的農業社群帶來穩定的力量，因為它，我們才得以將農場代代相傳，並且藉以傳承在特定區域耕作的知識。我們的農場是買來的，較不熟悉，但周邊的親戚和鄰居都很了解這個地區，也總是能幫忙、分享知識。（我如此了解這些親友對我們的好，可見我也稱得上老農夫了）。因為菸草帶來種種問題，所以我們不再種了，我並不感到遺憾，但像這樣能為在地市場穩定產量的生產者計畫機制消失了，我覺得很可惜。

你現在所參與的農業，要不是小型、企業化的，就是大型、工業化的，幾乎沒有這兩個極端之間的農場，有些人往這方向努力，但還不成氣候，這時候就需要自力開創市場。你還年輕力壯的時候，這樣很棒，但等你到我這個年紀，可能就會找出一個方式，懂得欣賞了解土地運用的人，也能建立起良好的在地糧食銷售系統，如此一來，在忙於耕作的同時，就不

＊聯邦菸草計畫：一九三〇年代美國政府推行的計畫，透過價格支持與運銷配額等方式，確保菸草品質與業者收入的穩定。

需要力求全盤的企業化。

對於讀到這封信的朋友，我很可能無法給予你我年輕時所獲得的同等協助和陪伴，但是我願意試試看。

如果你在這裡，我會帶你看看我們這區所保留下來的優良耕作方式，也可以帶你看看一些負面教材，其實還真多。不過我要提醒你，對於這裡的耕作習慣要抱持開放的心胸。我在全國各地參加過的聚會中，看過太多把別人妖魔化的例子，其實很多在地人的做法背後，有他的文化背景，而你應該盡可能去了解。你要先懂得這些，才能更堅定投入農耕的決心。對鄉村地區和居民的偏見的確存在著，我的父親稱之為最不可接受的偏見，你總有一天會感受到的。有些農夫之所以表現不佳，是因為陷於不是他們自己所造成的危機當中，而當你耕作得夠久就會知道，在危機中很難作出正確決策。

我希望你有機會來讓我的丈夫史蒂夫・史密斯（Steve Smith）帶著一起參觀。史蒂夫的家族世代從事農耕，他剛開始是採用傳統農法，但是後來發現自己和農場都已消耗殆盡，而債務始終不見改善，於是決心改變，在一九九〇年成立了肯塔基州的第一個CSA。他幾年前寫了下列文字，和貝瑞農耕計畫（Berry Farming Program）的學員分享。因為我無法介紹你們認識，只能分享一些他的智慧：

1. 我們用化石燃料取代了知識。現在農夫已經難以取得最急需的資訊，也就是如何培養、維護健康的土壤。

2. 農夫所接收的大部分資訊都是行銷話術。我們不應該再依賴買來的商品解決問題，而要選擇手邊免費的資源：動物排遺、堆肥、覆蓋作物，輪種、基因多樣性、留種、自然體系與循環、耕種、簡約樸實、在地經濟、在地社群等。

3. 我們必須重新思考農產品的銷售方式。盡可能為你的農產品加值，最簡單的做法是和你的消費者建立關係，讓他們透過CSA、農民市集、直銷等方式認識你，透過這些方式為你的農產品提升價值，並且強化在地的社群連結。

4. 如果每一英畝的土地相當於六千美元以上的收入，那麼你需要多少土地？其實不需要很多。採用小規模的科技，並且使用低價或免費的技術，你其實不需要借貸很多錢，不該借的理由還有很多，最重要的是，如果債務太沉重，你的自主權會大打折扣。

5. 耕作並不簡單。耕作的細節需要白紙黑字寫下來，應該要有一套完整的工作計畫，包括預算、輪種規劃、種子種類、栽種日期、收成時程、買家、市場等等的紀錄。其中市場規劃需要投注最多心思，請記得在播種之前你就要先想好銷售計畫。

6. 農夫要認清：我們幾乎沒有位高權重的朋友。全球經濟並不會考慮農夫的最佳利益，相關企業也不會，所以我們要重視在乎的人，也就是我們的朋友、鄰居、在地的社群和在地經濟。

如果你是在地食材運動中長大的農夫，或許會想為什麼我要跟你分享這些顯而易見的事？史蒂夫買下他的農場時，利息是十九%（八〇年代有借貸過的都會記得這個利率），他之所以能成功，是透過思考和想像力，並且認清如果他想要付清農場的費用並過自己想要的生活，就非節約不可，這也帶到我要給你的最重要的建議（我前面提到會再談談生活的事）。

我時常思考社會階層的向上流動這件事。成立貝瑞農耕計畫時，是以魏斯・傑克森的想法為基礎，希望能為回鄉的人口提供訓練課程。魏斯說，五十年來大學教育的主流都是向上流動，不過現在必須轉變為返鄉的思維。年輕人想找個地方向下深掘（魏斯是這樣說的），會需要哪些知識？我的問題是，除此之外，要能待得住，他們還需要知道什麼？他們會需要理解，他們將無法過我們所說的中產階級生活，而得盡量自給自足、脫離金錢經濟，也要重視精神性事物的經濟價值，也就是史蒂夫提到的：鄰居的情誼與簡約的生活。

一個好的社群，就是一群互相需要的人建立的良好經濟體系，除非所有人每天都選擇過這樣的生活、並能抵擋輕鬆安逸的誘惑，才有可能實現。

在我曾祖父母的年代，生活處處受限。我的父親曾說，他生在一個削減勞動力、化石燃料廉價的時代，需要多年的閱讀、思考，並且重新學習，才能理解在這個世界中，限制還是無法避免的。我和史蒂夫各自、並共同學到了這些。我期望你不論是加入了或建立了什麼樣的社群，都能在接受各種限制的同時，也看見快樂、滿足、無盡驚奇的可能。

我們需要更好的農業、為更多人提供有機食物，這方面多年來已經有了很多討論。我很注意這些討論，在過去三十五年來也參與了相關工作，希望能讓這樣的理想實現。在此同時，美國失去了數百萬英畝的農地，而務農的人數下降到僅占全美人口的〇・七五％。若要建立較正常的農業，就必須要有更多農夫加入，但是要農夫人口成長，我們要先問的問題是：「農夫要做好農耕的工作，需要付出什麼代價？」

所以，你想做或正在做的工作，非常重要。我很感謝你。比起我年輕時，你要找到一個農耕的社群可能要多花些心力，因此，請把我當作你的夥伴吧。我期許自己在有生之年能支持你、為提升美國的農業而努力。

瑪莉・貝瑞畢生住在肯塔基州的中北部，在此耕作，並於二〇一一年成立貝瑞中心，以延續她家族的農耕工作。瑪莉和丈夫史蒂夫也在小肯塔基河（Little Kentucky River）峽谷畜養肉牛和大黑豬。

12 這隻鳥的生死，掌握在你的手裡

——丹・巴伯（Dan Barber）

說說看你有沒有聽過這個故事。

從前，有一位猶太教祭司。有一天，城裡來了個麻煩人物，他向祭司挑戰，還廣邀全鎮的人到大廣場來看，他面對祭司，身後的手上抓著一隻鳥。他說：「祭司啊，如果你真的這麼有智慧，那你告訴我，我手上的鳥是活的還是死的？」

這位祭司知道一旦他說鳥是活的，這人就會捏斷小鳥的脖子，再讓他看鳥是死的；如果說牠是死的，他就會把鳥放開讓牠飛走。

於是祭司想了想才說：「這隻鳥的生死，掌握在你的手裡。」

我第一次聽到這個故事，是多年前的一個宗教儀式上，後來我發現在基督教的預言中也有類似的故事，也在儒家的故事中讀過（故事裡祭司的角色是位飄垂著白鬍子的中國哲學家）。也有個版本是義大利山區住著一位智者，他來威尼斯講道，還有主角是位失明智者的版本。托妮・莫里森（Tony Morrison, 1931-）在諾貝爾文學獎得獎演說中提到的失明智者，則是奴隸的女兒。

如果你相信這個故事，那麼我再說說另一個版本，這是一個經過更新並重新闡釋的現代版本，不過它並不僅是個預言。故事是這樣的：

很多年前，格蘭・羅伯茨（Glenn Roberts）陷於兩難之中。他不是祭司、中國哲學家或義大利智者，他是農夫，也是手工穀物與碾磨公司安森磨坊（Anson Mills）的創辦人，不過當時光是要賣公司的第一個產品——碾磨粗玉米粉用的祖傳玉米，就困難重重。

玉米本身很特別，是經過幾代的精挑細選而改良的品種，而格蘭也用細心維護的肥沃土壤去種植，並且在低溫下仔細手磨乾玉米，確保它的風味跟八月中剛收成時一樣鮮甜。

但現磨的穀物需要冷藏才能保存風味並避免腐壞，不過當時高級市場和專賣店都不願意採用這種方式。

格蘭說：「店經理看我的眼神好像我是外星人。冷藏粗玉米？他們從來沒聽過現磨什麼東西，所以他們也完全無法理解玉米粉會壞，而且壞得很快。大部分人可能都只聽過祖父母輩提過祖傳玉米磨製的粗玉米粉，不過我的玉米粉不僅如此，我的玉米粉風味絕佳，也有現磨的技術可以保存風味，這兩者相輔相成。但是根本沒有人知道我在說什麼，玉米粉就是玉米粉啊。」

於是格蘭面臨的抉擇是，要嘛把產品擺在貨架上賣就好，但這樣會扼殺了它的風味（不過同時可以賺取利潤，支持當時剛起步的事業），或者就另尋出路重新來過。

格蘭跟我說，後來他仔細想想成立安森磨坊的初衷，就得到答案了。

這間公司、以及格蘭畢生工作的目標，是想重現卡羅萊納米食廚房（Carolina Rice Kitchen）已經失傳的風味。「米食廚房」並不是真正的廚房，也不僅只是關於米，而是一個完整體系，包含所有相關的食材，並且致力於復原南北戰爭前貧瘠的南方土地。蕎麥、豌豆、玉米、大麥、黑麥、地瓜、芝麻、羽衣甘藍，當然還有稻米，經過精心規劃而在合適的時間進行輪種，以提升土壤的健康並產出優質的作物。低地地區（Lowcountry）*的美食就是來自於這些豐饒的農產，就因為有極為先進的農耕系統。該區的美食還曾經是全美首屈一指的。

---

* 低地地區，南卡羅萊納州的沿岸地區。

格蘭說：「最有趣的是，當時最重視的是食物的滋味，這跟美國任何其他時期都大不相同，或者說從那個時候至今就已經不再有的想法。即使是產量很高的作物，如果不夠好吃，就沒有人要種。」

格蘭希望不僅能重現被遺忘的品種和種植的經驗，也要重現現磨的技術，如果不採用現磨，那何必這麼拚命研究最好吃的品種呢？何必為了提升土壤品質而為輪種的順序傷腦筋呢？所以格蘭說的「相輔相成，缺一不可」，就是這個意思。

最後格蘭的決定是，產品下架，重新再來。

***

現在安森磨坊已經是美國最大的手工穀物經銷商了，旗下合作的產地有三千五百英畝，包含玉米、小麥、燕麥和各種其他穀類，年銷售額達四百五十萬美元。

我知道，我知道，你大概會說這種故事你聽過了，就是個農夫勇敢對抗超市或大型食品企業，而傳統地區性的食材銷售管道重生了，並且也開始保存種子、提倡有機農法，於是優質食材得救了，很符合「從農場到餐桌」的信條（這個運動本身充滿了各種信條），因此有希望透過追求正確的食材而促成永久性的改變。

只不過這些都還沒發生。在農場到餐桌運動進行了十幾年後，這樣的理想並沒有達成。

過去五年來，農場數量已經減少了十萬個，現在美國將近四五％的食物都來自於一・一％的農場，而在二〇一二年的收成當中，有超過一半都是大豆和玉米，真是前所未見。

這樣的數據不只讓想投入農耕的青年農夫失望，也不利於產業運作。數據顯示，農場到餐桌運動對美國的整體環境並沒有帶來實質的改變，也沒有革新糧食的種植方式。事實上，大型的食品企業依然持續壯大。

現在一方面有令人振奮的糧食革命，一方面現況難以撼動，我們要怎麼克服這種雙重局面呢？

＊＊＊

可以考慮的一種方式是參考格蘭的做法，不過這並不同於農場到餐桌。格蘭將產品從商店下架後，更加專注在研磨。

「我聽說只要研磨時的溫度不超過四十五度＊，吃起來就沒有差別」格蘭這麼告訴我。不過他並不信任這種傳統知識，他以三十度試磨了一批，想測試到底有沒有差別，結果「天差地遠！所以我又繼續試：二十五度、然後二十度，研磨的溫度每下降一些，成品的風味就有

＊華氏四十五度約等於攝氏七・二度。

大幅的提升。」

現在他需要的是一種可以描述產品品質的語言，然後也需要一個能懂這種語言的市場，於是他打電話給法式洗衣坊（The French Laundry）的主廚湯瑪斯・凱勒（Thomas Keller）。法式洗衣坊位於加州納帕谷地（Napa Valley），是公認全美最好的餐廳之一。格蘭在溝通的過程中，說得像是精品酒商挑了某年份最精選的限量酒款，要推銷給一位侍酒師。但是當他開始談他的頂級玉米粉時，凱勒打斷他的話。

他說：「我不能賣玉米粉。」

於是格蘭建議手工玉米粥，這下凱勒就有興趣了。格蘭約好會寄一些現磨的有機玉米粥，所使用的玉米源自美國東北的原住民部落。

格蘭說：「凱勒同意試試看，那個當下我就知道生意做成了，因為只要有主廚願意試，只要他們煮了、嚐過了，就等於賣成了。像凱勒這樣的主廚是靠著舌頭來審查，他說了就算數。」

格蘭說得沒錯，一週後這玉米粥就加入了法式洗衣坊的菜單，再過幾個月，各地其他的主廚也都開始找玉米粥了。

這故事原本可能就到此為止，不過格蘭看出了其中的機會。他把低溫現磨的玉米粉當作誘餌，而對於極致美味有鬥牛犬般忠誠、近乎執著的主廚，能否慢慢受他影響，在整個產業形成效應，創造一種烹飪方式？格蘭越掘越深，他和主廚密切合作，教他們如何透過浸泡、低溫烹調來保留穀物的原味，再介紹給他們其他的穀類，例如卡羅萊納黃金米（Carolina Gold rice）、阿布茲黑麥（Abruzzi rye）和紅色五月小麥（Red May wheat），在介紹食材之外，同時也分享失傳已久的烹飪技巧。

也就是說，他變成像是主廚和農夫的祭司，他們需要更有力的說服。格蘭總喜歡說，要先有鄰居才能對耕作有信心，包括可以一起分攤基礎設施成本（例如清洗、儲藏種子）的鄰居、存有很多有機種子的鄰居。「所以我就決定當他們的鄰居」，格蘭說得一副理所當然的樣子。

格蘭固定為新進農夫添購設備，並且保證安森磨坊會以高於市場價格購買他們所有的收成，也免費、無條件提供種子。

這樣的支持網絡，以及已經打入主廚、高教育水準的家庭煮夫煮婦的市場，都讓他的事業大幅成長。現在安森磨坊的穀物在全美國的餐廳菜單上時常可見，也被寫進美食雜誌和食譜書中。格蘭的家傳種子、對土壤友善的穀物、現磨的方式，都慢慢滲入了美國飲食文化，並且也開始進駐市場內的冷藏櫃區，速度雖然不快，但勢不可擋。

***

這隻鳥的生死，掌握在你的手裡。這麼問是否公平：那位祭司是否應該更積極地為小鳥爭取自由？

因為我確實想過這個問題。其他祭司們也曾經問過：當初是否應該做得更多？故事中的祭司大可以警告麻煩人物，讓他知道他的行為會造成什麼後果，以及殺生將帶給他的沉重負荷；他或許也可以指著對方說：「讓那隻鳥活下去！」藉此點出他所冒的風險。

但是一直到聽說了格蘭的故事，我才了解那位祭司的啟示是多麼細微而影響深遠。他所提倡的是一種道德觀，創造一個鳥兒自然能生存的文化，而不是被迫作出抉擇。其實這件事很簡單：人可以為自己作主嗎？我們可以不需要別人指著我們，就能理解我們所作的決定將帶來什麼影響嗎？我們在思想、飲食上，有沒有可能不需要由別人來告訴我們該怎麼做？

如果說格蘭的故事有什麼寓意，那就是不要太常說教。一九六〇至一九七〇年代初期的反烹飪運動（countercuisine movement）*就充滿了教條和美德勸說，例如「不吃白食*，要吃對、要爭取」、「事事相關聯」等等，大部分聽起來都不恰當，也無法造成長遠的影響。

格蘭的例子是告訴我們，要把心思花在不依賴教條也不獨斷的完整體系上，這個體系的基礎是對於美味的信念，從種子到土壤、磨坊再到廚房（畢竟這些都相輔相成，缺一不可），這個體系也養成了一個社群、一種文化和一種烹飪風格。

格蘭曾經這樣描述安森磨坊的轉變：「五十年了，而我才剛開始覺得我的工作有點意義。如果我現在忽然死了，它還是能延續下去，因為它已經擴散出去了，它是以光速在前進的。」

他不是祭司、不是哲學家、也不是智者，但是他所創建的能夠生生不息延續下去。現在，則掌握在你手裡了。

丹·巴伯是藍山農場（Blue Hill）與石倉藍山餐廳（Blue Hill at Stone Barns）的主廚和共同所有人，也是《第三餐盤》（*The Third Plate: Field Notes on the Future of Food*）一書的作者。他曾多次獲頒詹姆斯·比爾德獎（James Beard Awards）*，包括紐約市最佳主廚（二〇〇六年）和全美傑出主廚（二〇〇九年），也曾獲《時代》雜誌選為二〇〇九年的全球百大人物。

* 反烹飪運動：提倡在地的天然食材。
* 白食，指精製食品。
* 詹姆斯·比爾德獎，是為了表彰美國餐飲界的傑出廚師、餐廳、作家及其他專業人士而設置的獎項，堪稱美食界的奧斯卡。詹姆斯·比爾德（1903-1985）是美國一代名廚，是首位將法式烹飪技巧引進美國餐飲文化的先驅，也是美國電視史上第一個烹飪教學節目的主持人，著作等身。

13 改變是微小而需要累積的

——威爾．哈里斯（Will Harris）

我一九七六年從喬治亞大學農學院畢業。

這封信這樣起頭，是想告訴你它不是出自記者之手，而是個農夫寫的，或許文字有欠潤飾，不過內容貨真價實。

我的家族從事農耕一百五十年以來，所採取的農法可說是繞了一大圈。前兩代的重心在土地、動物和人，他們與大自然合作。我的父親開始工業化、集中化、商品化，我則是盡可能將這些流程推到極致。現在我和子女一起採用沙弗里整體管理（**Savory method of Holistic Management**），讓農場回到我曾祖父時代的全面農法。

當初採取工業化、集中化、商品化，是有崇高理想的，希望能提供充足、低價、安全的食物，避免傳染嚴重的疾病。前幾代所做的變革曾經極為成功地達到了目標，但是也帶來了意料之外的可怕後果，影響牲口的健康、土壤和水質劣化、造成鄉村地區的貧困。

今日的消費大眾有少部分人注意到這三個悲劇性的後果，也非常厭惡這種情況，因此他們研究了糧食生產的體系，並且選擇把採購食物的預算花在他們願意支持的農法上。這樣的消費者運動，讓一小群農夫有能力在農場的經營上做出有意義的改變。

那些努力革新，以人道、公平、永續方式耕作的農夫，還無法為美國農業帶來全面的改變，未來也不可能。改變是微小而需要累積的，事實也如此。我們處於工業化、集中化、商品化的模式，已經長達七十年之久，要改變如此巨大的結構，會很慢，也永遠無法全面完成。

當我還是個年輕的牧牛人，若有人說要重視動物福祉，都會被嘲笑一番。現在，大型、跨國的農業公司會綠漂（greenwash，見〈專有名詞說明〉）他們的產品，誤導消費者，不過關心友善、溫和農法的人口也持續增加。借用甘地的話：「剛開始他們會嘲笑你，然後他們會抵抗你，然後你將會獲勝。」

要從工業化、集中化、商品化轉變為重視動物福祉、環境永續和對產業參與者公平，並不容易，這根本是我做過最難的事，不過同時也是我做過最好的事。

祝你好運，你會需要的。

威爾・哈里斯是家族裡務農的第四代，他住在喬治亞州的白橡木農場（White Oak Pastures），他和一百二十名員工以草地放牧，並以手工屠宰五種紅肉牲口和五種家禽，另種植有機蔬菜和生產放養雞蛋。

14 農人就是奇蹟！

——安娜．拉貝（Anna Lappé）

一九九〇年代，我在哥倫比亞大學唸研究所時，主修經濟發展，那時上課和教科書中談的都是進步之道，我們學到有些國家登上所謂的發展之梯，定義就是從農業經濟轉型為工業經濟。我們也學到國際貨幣基金（International Monetary Fund）和世界銀行（World Bank）針對推動工業化的借貸條款，以及像南韓這樣的「經濟奇蹟」。

但我很快就發現，這些在學術殿堂的課程內容和我這十幾年以來親眼所見，並不相符。例如，在我念研究所期間，我同時在為一本書蒐集資料，後來我也和我的母親法蘭西斯．摩爾．拉貝（Frances Moore Lappé）一起擔任合著作者。那段時間我們一起去了印度、孟加拉、波蘭、肯亞、法國、巴西和很多其他國家，所到之處，我們都拜訪了當地農夫，以及致力於解決飢餓與貧窮問題的行動人士。在偏遠村莊、在繁忙的市政廳、在田野間、在活絡的經濟合作社中，我們所見清楚明瞭：農夫就是奇蹟！我們記錄了以社區為基礎的解決方案，其中的核心就是農夫，那些不再使用化學藥劑的農夫，兼顧生產力與保存生物多樣性的農夫，以生態方法保護土壤、空氣和水的農夫。在一個個地區，我們都看見了健康居民、健康經濟和健康農地之間的連結，而這樣的情境應該要擴展到更多地方去。

我們在非洲遇到一位綠帶運動（Green Belt Movement）*的成員，她具有農林技術背景，在數千個幾乎遭沙漠吞噬的村莊裡，進行綠化工作。他們重新種植原生的樹種，以它的根系來增進土壤的健康、預防土壤流失並保護流域。這些自稱為「赤足森林使者」（barefoot forester）的人，帶我們去看一般家庭菜園就能實行的有機農法，用來產出好吃、營養又多樣的食材。這些地區數十年來都著重於外銷作物，例如咖啡或花材，對肯亞當地居民的生活糧食毫無貢獻，而且其實扣掉化學藥物等支出之後，農夫的收入也所剩無幾了。在這種時空背景下進行綠帶運動，帶來很大的衝擊，也影響了政府和化學公司的共謀關係，以至於我們所拜訪的有機農業推廣者曾經受到恐嚇，如果他們膽敢再宣導農業生態學，就會遭到拘捕。

在波蘭，我們拜訪了農民互助網絡（farmer-to-farmer network），這個組織致力於保護波蘭鄉村地區的數百萬小農（當時，全美國的農民人口和這個面積只有科羅拉州大的國家一樣多）。由於歐盟的政策是整合、工業化、開放泰森（Tyson）及史密斯菲爾德（Smithfield）等跨國食品集團，對農夫造成的壓力節節升高，農民互助網絡推動有機農法之外，也前進其他歐洲國家，為西歐的農夫安排農場導覽，希望展現小型農場所能扮演的關鍵角色。

在印度，我們前往喜馬拉雅山區，當地農夫教導居民如何停止使用化學藥劑，因為化學藥劑已經造成土壤劣化、引起慢性疾病，甚至有些殺蟲劑急性中毒的案例。這些農夫留存並重新栽種原生的物種，其中許多物種都已證實有抗旱、抗汛的能力。

在各個國家，我看到新的故事開始成形，新興的運動揭發農業工業化所產生的負外部性（negative externalities，經濟學課中的用語是這樣說）*，並且展現生態農法能夠提升福祉的能力。

幾年後，我在為第三本著作蒐集資料時，我決定到南韓去看看，這個國家在我研究所的課堂上被稱為最大的奇蹟，從一九六三年農業占經濟體的七十五%，在二十五年內就下降到二十一%，在我上過的課堂中，南韓是工業化的成功範例。但是我在南韓遇到一些農夫和

* 綠帶運動，由肯亞生物學家旺加里・馬薩伊（Wangari Maathai）於一九七七年所創立，希望經由樹木的植栽以及永續的管理，增進大眾對環保的必要認知。馬薩伊於二〇〇四年獲諾貝爾和平獎。

* 負外部性：指某個經濟實體的行為使他人受損，卻不用因此付出代價。

消費者，他們提倡永續農法、對抗政府背書的大型工業化農業，他們可不認為南韓是經濟奇蹟。雖然也不想回到過去艱辛的農業生活，但他們也不想邁向工業化的未來，他們反抗企業控制食物鏈，並推廣以生態為基礎的供應鏈、保護原生食材、在消費者與農夫之間建立起牢固的連結。（我拜訪的一家消費合作社就有超過二萬會員）。他們認為一個健康、永續的國家需要強而有力的全國性農業運動，要能推動生態農法、讓農夫願意持續耕作，並且與都市的消費者建立連結。

一九八九年成立韓國女農協會（Korean Women's Peasant Association）的婦女們，也很積極參與推廣。我到協會的辦公室拜訪她們的行動領袖，聽她們談起參與一九九三年成立的全球農夫運動「農民之路」（La Via Campesina）。她們的辦公室堆疊著許多傳單，還掛著許多布條，證明過去參與的示威活動，反對圖利跨國集團的國際貿易協定。

聽到她們分享對這份工作的熱愛，很令人感動，但我見到李京海（Lee Kyung Hae）的女兒後，才明白她們所冒的風險。當她靜靜地向我自我介紹，我一時之間還沒有會意過來。她的父親曾經是韓國農漁業聯盟（Federation of Farmer and Fisherman of Korea）的領袖，協助組織反對世界貿易組織（World Trade Organization，簡稱世貿、WTO）的示威活動，並指出世貿的政策圖利跨國企業，而罔顧農夫的權益，即便是會員國的農夫也未獲得保障。在二〇〇三年墨西哥坎昆（Cancún）的世貿大會場外，她的父親在示威活動中爬上警方架設的路障，就在國際新聞媒體的鏡頭前，舉刀自盡。那是最終極的犧牲。

和李京海的女兒那場會面，是一記響亮的提醒，對我們全球數百萬的人口來說，這不是在做學術討論，而是探討農民在逐漸工業化的社會當中扮演什麼角色。要保障農耕生活，讓它成為一種受尊重的生活方式，其實是生死之爭。我們現在已經知道，如同喬治・蒙彼歐（George Monbiot, 1963-）在英國《衛報》（*Guardian*）所述，對受迫到土地邊緣的小農來說，工業化並沒有帶來「進入都市經濟的順利轉型」，而是成為「在經濟邊緣的高風險族群」。

我從南韓回來已經六年了，但我還是時常想起那趟旅程，我思考已經努力了多少，以及還有多長的路要走。「農民之路」的活躍會員遍及七十三個國家，代表全球二億的農民人口，但各國的農夫依然無法留存並分享跨國企業所販售的種子，也無法抵擋工業計畫掠奪他們的農地。

在美國，我也看見一股開始重視農夫的趨勢，部分是因為距離拉近了，所以了解農夫以後就懂得敬愛他們。因為許多人在全國各地所做的努力，從西奧克蘭（West Oakland）到底特律、巴爾的摩，開始出現了都市農場和社區菜園，因而建立起連結。美國農業部甚至推出了「認識農夫、認識糧食計畫」（Know Your Farmer, Know Your Food）。在一些首次從事農耕的人身上，也看得出態度的轉變：在新進農夫和牧者中，成長最快的是三十五歲以下的族群，年輕人也開始以其他方式和農耕產生連結，例如透過真食挑戰（Real Food Challenge）、糧食軍團（FoodCorps）非營利組織、全美青年農夫聯盟（National Young Farmers Coalition）等，大學也開始開設糧食和農耕相關的新課程、食品研究學程，也有越來越多大學擁有實際營運的農場。

由社群所支持的農業運動，在一九八六年始於美國，也讓數萬人開始以全新的方式對農夫產生敬意。像我這樣的母親，如果能在布魯克林區的住處二小時以內車程就有可以買到藍莓、桃子、甘藍菜、地瓜、甜菜和南瓜的農場，讓孩子們常常嚐到那樣的滋味，那是值得尊敬的；當我們可以用新鮮無化學藥劑的農場食材養育孩子們，那是值得尊敬的；看到孩子們因為所吃的食物身強體壯，那是值得尊敬的。

我還記得多年前在研究所的課堂上，我們學到農夫是在梯級上必須跨越的一階；「相對優勢」被簡化為：如果別的國家可以更有效率地種出胡蘿蔔，那我們為什麼要種？上到這些部分時我都百思不得其解，不過我現在清楚了解這些說法的缺失：農夫是一塊土地上跳動的心臟，農夫保育土地和水、保存文化傳統、滋養社群、推動健康和福祉，他們讓這些文化的滋味得以生生不息，讓我們與土地、四季產生連結，並且維持對生命至關重要的自然循環：

碳、氮、水等等。

當我對未來感到不安，我只要想想那數百萬破曉前就已起床的人們，他們在泥土中勞動雙手，供給我們生活所需，我就感覺重新體會了那崇敬的心。

安娜・拉貝是全美暢銷書作家，她是小行星組織（Small Planet Institute）的共同創立者，並擔任真食傳媒（Real Food Media）的董事，致力於推動公眾參與對話，探討食物、農耕和永續的合作計畫。目前住在舊金山灣區，和家人一起成立魚類和海產的ＣＳＡ，並且加入當地蔬果農場的會員。

15 新農場的十個經營致勝秘訣

——喬爾・薩拉汀（Joel Salatin）

如果我是個年輕人，腦袋裡裝滿了對農耕的想法，那麼我會希望有個農場導師跟我分享以下這些。

1. 創造可運用的環境。因為人類文明歷來有許多破壞環境的紀錄，許多新手農夫都很怕改變地貌。極端的環保運動，加上對於環境破壞的愧疚感，促成了一種想法，就是若要以負責任的方式與土地互動，那就只能把人類趕離土地。運用土地最好、最高明的方式，就是把它鎖在公園、自然保護區、國家森林的名義裡——我稱之為遺棄式的環保主義。

但是我認為人類的大腦，以及高超的機械技術（我們雙手的拇指可以彼此相對）之所以存在，是為了和自然互動，去觸碰我們和生態之間的生命連結，謙卑地運用自然環境。比起讓土地完全閒置，這樣可以激發更多太陽能轉化為生物質（biomass）*。事實上，一塊農田和任何其他地產之間最大的差異，是農夫所帶給土地的改變。沒有了農夫，這塊地可能會是公寓大廈或是國家公園，都有可能。

不要害怕在土地上開路、挖池塘、鑿窪地、建儲藏蔬菜的地窖，或是蓋棟建築，我稱之為參與式的環保主義，可以為土地帶來癒合、補償的能力。人類是最強的破壞者，也是最有效的治癒者，端看我們如何運用智力和機械天賦。

你必須先取得土地，才能運用土地；如果沒有水源，你也無法種植；而且除非你有基礎設施，否則無法進行農務。農場不是野地，它應該更具生產力、更加多元，為土地增加更多價值。事實上，如果農場是充滿活力與新事物的地方，那麼它會比特定的荒野保留區還荒野。

在你被我的激進觀點嚇壞之前，請先了解我不是在呼籲徹底地摧毀自然環境，但是在真正的樸門（permaculture）*方法中，有些規劃可以帶來天差地遠的日常效率與機會，例如在峽谷中開挖一個池塘，既可以做水患控管，乾旱時也可以供水。若是認為每顆石頭、每棵樹、每個地形上的起伏與彎折都是大自然上一次發生變動時所造成的結果、是它的最佳位置，是很愚蠢的。

請盡情地用細心與創意觸摸這塊大地，如果你做得夠好，它會感謝你的。

2.在生活中做到兼容並蓄的體察。許多農夫的生活過於孤立，只讀他們已經習慣的素材。如果你是採用化學藥劑的農夫，可以讀些非化學的資料；如果你是秉持環保主義的農夫，則不妨讀些化學資料。知彼知己非常重要。

請廣泛地閱讀和參訪。多參加永續農業的研討會，以及政府、企業或農業公司所贊助的活動。為了你的自尊，要確保你了解最新的趨勢、變化和當季的活動，自由派和保守派的新聞都看，同時關心商業、歷史與宗教信仰。這樣做可以造就一個博學的人，足以和任何財富五百大企業的經營者並駕齊驅。穿一套好西裝，不要把自己當做初來乍到的鄉巴佬，應該要自視為現代的傑佛遜（Jefferson Davis, 1808-1889）*式知識農夫。你的書架上有什麼書？你一週花多少時間閱讀？讀書人即是領導者。交朋友不分學科、政治傾向與宗教信仰，要時常招

＊生物質，是指各種有機體的整體質量，亦即太陽能經由光合作用以化學能的形式貯存於生物體中的一種能量形式。包含了農作物、草本及木本植物、農林畜牧業廢棄物，與都會及工業有機廢棄物、廢油、果菜廢棄物，甚至包括了沼氣或甲烷水合物等資源。

＊樸門，又稱永續生活設計、永恆農業或永耕。最早是由澳洲生態學家比爾・莫利森（Bill Mollison）和大衛・霍姆格倫（David Holmgren）於一九七四年所共同提出的一種生態設計方法。主要精神是模仿大自然的運作模式，並以這模式來設計庭園、生活，以尋求並建構人類和自然環境的平衡點，它是科學、農業，也是一種生活哲學和藝術。

＊傑佛遜，一八三六年曾在密西西比州華倫郡的棘原農場（Brierfield Plantation）種植棉花，並研讀政治學。後來學以致用，投身政界。

待客人，這樣不需要四處遊歷就可以獲得全球訊息，很划算。

樸門、再礦化作用（remineralization）*、生物機能學、整體管理等，都很容易接受，但是不要落入教派式的思維，還是要持續了解他人在討論什麼，讓自己多接觸各種不同的想法，這樣才能作出更好的決定，成為更有趣、更有吸引力的人。農夫常被視為深居簡出、脾氣乖戾的人，我們要以身作則，試著加入戲劇團、上演說課，成為說故事的人。

3. 培養「我能達成」的企業家精神。與政府資助、官僚和法規機關保持距離，讓你的身邊充滿正向思考、鼓勵創新與特立獨行的人。

有些人會說，耕作是最孤獨、艱辛的職業，請你遠離那些人，他們會拖垮你的情緒和精神。去找喜歡新想法、甚至瘋狂想法的人，和他們做朋友，可以在腦力激盪時不帶任何主觀判斷的人，是成功的催化劑。

這表示你可能需要限制和其他農夫相處的時間，即使是你的鄰居也一樣。在我一生當中，最支持我的一群人一直是我農場的客戶，我的鄰居都覺得我是瘋子，像是「傷寒瑪莉」（Mary Mallon，1869- 1938）*一般的生物恐怖份子，他們因為習慣於工業化或化學的思維，而排擠採取其他方式的人。他們是有毒的，跟他們揮個手、說個「嗨」，簡單聊幾句就好，不要加入他們的聚會或是一起抱怨。

去找以自身條件獲得成功、且對你的夢想感到雀躍的人，讀正向的書，聽激勵人心的演說。「我能」比「我不行」實行起來難得多，「我不行」很容易，任何人都做得來，但只有成功的人能做到「我能」。

4. 節儉生活。許多新手農夫會為了想要好的房子、好的卡車、好的牽引機，而走岔了路。這些東西有一天都會到來，我希望它們都會來，但是你要透過努力學習耕作才能慢慢得到，要認真工作與累積經驗才能往上爬。

這表示你剛開始經營農場時，可能要住在露營車、帳篷或樹屋裡，你的吃、睡、呼吸，都靠你的農場，要過簡單的生活，這樣你一開始才撐得下去。我的妻子泰瑞莎（Teresa）和我改裝一個農舍的閣樓，在那裡住了七年，我們稱之為頂樓豪華公寓。如果沒種東西，就沒得吃；我們從來就沒有電視，到現在也還是沒有；也從來不出去餐廳吃飯，一輩子只進過電影院四次。誰需要好萊塢？

* 再礦化作用，為土壤補充礦質。
* 瑪莉．馬隆，愛爾蘭人，一八八三年獨自移民美國，是美國第一位被發現的傷寒健康帶原者，因此被稱為傷寒瑪莉。她是廚師，堅決否認帶原，並因此造成五十三人感染、三人死亡，也拒絕停止下廚，因此兩度遭公共衛生的主管機關隔離，最後於隔離期間去世。

我們剛結婚頭兩年，是開一輛五十美元買的車，後來拆成零件總共賣了七十五元，那兩年在車子上的花費總共不超過一千美元。後來有客戶給我們一輛車，只收一元，我們也開了兩年。之後花五五〇元向泰瑞莎的祖父買了另一輛車，再開兩年。我小時候，父親把一輛一九五七年的普利茅斯（Plymouth）四門車內裝拆了，當做貨車。它沒有座椅也沒有門，所以有很大的空間可以載小孩（包括人類和動物的小孩），也可以載小牛、乾草和工具，功能很多。

我每天都待在家裡，不參加少棒隊，不學芭蕾，不去公園盪鞦韆。如果你想盪鞦韆，就在農場上做一個，做個不花大錢的娛樂器材。野餐是在你自己挖的池塘邊；帶孩子去釣魚的餌，是從堆肥周邊挖出來的蚯蚓。農場可以提供所有的休閒娛樂，還有你想得到的各種驚奇。孩子們不會在意他的床是在一輛老舊的露營車裡，或是在大自然裡過著的簡單生活。如果這樣不吸引你，那就去住在都市裡吧。

5. 組成團隊。經營一個成功的農場需要各種天賦和才能，不是一個人應付得來的。評估你的優缺點，然後把時間集中在你擅長的，再找別人來做你覺得困難的。信不信，一定有個什麼人，每天早上起床所熱衷要做的事，剛好就是你討厭做的。去找到那個人，組成一個團隊吧。

想想這個問題：「如果明天，錢和時間都不是問題，那我要做什麼？」請多安排一點時間去找尋問題的答案。

還有另一個不錯的練習：「你擅長什麼？你知道什麼？你喜歡什麼？」這三個區塊交集的地方，就是你成功的最有效點。很多時候，我們會把大部分時間浪費在奮鬥自己不喜歡或不擅長的事，卻沒有善加運用我們的熱情和專業。人生太短暫，不能白白揮霍。

我並不是在建議你要僱用員工。很多人想要加入有趣的團隊，為神聖的目標努力，如果說生產安全的食物和療癒大地不夠神聖，那我真不知道還有什麼了。你可以透過簽訂備忘錄建立委託關係或集結各自獨立運作的農場，這就像糾集一個團隊，但並非僱用員工。讓每個人規劃自己的冒險、創造努力的動機，承擔自己的風險並享受成功的回報。這種合作關係形諸於數學公式就是1+1=3，集眾人的努力，累積更迅速。

如果有人已經設定好自己的目標，也不要害怕讓他們加入團隊、一起分攤風險。當溫熱的煤炭聚在一起，農場將可以進展得更快，如果只有你自己這塊煤炭，那麼在火生起之前可能就已經燒完了。

6. 直銷市場。你應該聽過一個古老的說法：「利潤都被仲介賺走了。」如果利潤真的都在仲介手上，那我也要加入。不過從農場到餐盤之間的管理，你承擔的責任越多，你的營運就會越健全。透過多投資在加工、行銷、配送上，可以分攤生產的風險。天氣、物價、蟲害、疾病，就如同啟示錄中的四騎士*，都會影響產量，但並不影響加工、行銷和配送。你和客戶之間已經建立的Wi-fi連結並不會因為乾旱而斷線，蚱蜢不會吃貨車的橡膠輪胎，黴菌也不會弄壞你不鏽鋼的加工桌面。

因為你擔起了糧食體系中的這些責任，自己的日常工作也會增添變化，讓生活變有趣，甚至可能會有點瘋狂。即使你只有個小農場，也可以完全當個自僱者，你可以透過為產品加值，而享有比一般農夫更多的獲利空間。

如果你有自己的客戶，就可以自己掌控銷售，你和終端消費者的距離越短，你的收入範圍越廣，目前最具策略性的選擇是，在小農場增闢一家餐廳，這樣就不需要受限於只能種更多的低價作物。

很幸運的是，現在有很多客戶希望接觸到農夫，請善用這個趨勢。用載乾草的貨車載客戶去夜遊，或是提供寓教於樂的收費活動，都很OK，而且會很受歡迎。

7. 建立多元的事業。單一事業極為脆弱，現代工業化農業認為單一事業的農場最有效率，但是自然包山包海，有各種物種、生態系統（有水岸、森林、草地等環境），在樸門的系統中，很早就學到善用層次（stacking）的價值。

協同與共生的複雜關係是自然體系的基礎，因此應該也是農業體系的重點。我們的農場有設置行動雞舍，跟著牛群移動，因為在自然界中，鳥類都會跟在草食動物後面，翻動牠們的排泄物；我們每天把牛群帶到不同的草地，因為草食動物在自然中也時常遷徙；我們用豬來翻動堆肥，因為在自然中本來就是動物而不是機械會去翻東西。

很有趣的是，這些做法都可以降低資金、能源、勞動力的成本，我肯定全世界沒有任何農場（包括我們的農場在內），有對空氣、土壤、水做完全的運用。每次我覺得應該已經完全善用我們所有的資源時，就又會發現新的方法可以獲取更多陽光、水資源再次利用，或是更快培養起土壤。

大自然中沒有廢物流，所有的廢物都可以做為下一次生產的養分，可以把農場想成許多循環的組合，而不是一個只有輸入和輸出的線性工廠，或者把它想成是一個巨型的太陽能儲存區，然後試試看能把漏失浪費的能源減到多低。

這還包括善用你的客戶，一個忠實的牛肉客戶如果還想要買點別的，就讓她買，如果你產品的種類不夠多，就和其他志同道合的人聯合，把他們的農產品賣給你的客戶。這樣一站

＊啟示錄中的四騎士（Four Horsemen of the Apocalypse），一般解釋為瘟疫、戰爭、饑荒和死亡。

式的銷售服務可以建立起一個超市，而你就是那個超市。行銷最難的部分，就是找到客戶，一旦你有了客戶，她就會想要多買些你別的東西，你要給她方便，這樣對雙方都好。

8. 分析毛利。你可以跟有數字概念的人結婚、生個數學好的孩子，或者僱用精於數字的員工。如果你自己有數學頭腦，那最棒了。很多農夫都只喜歡記錄，但是討厭會計和財務分析，然而如果你不知道現在的立足點在哪裡，就不會知道要往哪個方向去。如果你要知道事業的弱點在哪裡，就要先知道錢從哪裡來、錢往哪裡去。光是年底累積了一疊發票和銀行單據毫無用處。

我們的農場有兩百種左右的財會項目分類，正確登錄收入和支出的每一塊錢，這樣才能計算出農場的各個事業有多少毛利，進而藉以評估是否結束某些事業、加碼其他事業。一旦知道毛利，才能規劃各種不同的方案，然後採取行動：例如我們這樣做的話，對於整體營收有什麼影響？那樣調整的話，會怎麼樣呢？如果會計項目沒有分類清楚，你永遠不會知道所作的決定造成什麼結果。成功的事業（農場就是個事業）必須先對財務有全盤的了解，這是作最佳決策的一大重點。

9. 操作效率分析（Do time and motion studies）。商業界時時都在做效率分析，但農夫常自以為有特權而不需要關心效率。簡直胡說八道，這世界又不欠你錢！

殺雞後清理內臟要花多少時間？撿一打蛋呢？種下一排蘿蔔？收成一磅重的萵苣？這些你種的東西、你做的事，應該要立即說得出數字。你可以帶著碼錶測量各種流程所花的時間，以確認勞動力的成本，這和你如何為你的產品作定價有很大的關連。

我們的農場已經為許多流程建立了標準，並且教導實習生，讓他們可以每一季量測自己的時間，了解自己的效率。你曾經把你一天的工作記錄在紙上，看看有沒有多餘的移動嗎？例如，安排好一天的工作，方便同一趟路的去程和回程都有搬運到東西？在我們的農場上，我們從來不會一次只提一桶東西，要就提兩桶；如果真的不需要兩桶，那麼落單的那一桶就下次再一起提。多餘的移動在農場上是最浪費時間的重要因素之一。

務必列清單。如果你做了清單上沒列的工作，記得晚上要加進去、標記完成。這些累積起來會讓你開心，也可以讓你更有效率。在我們的農場上有兩種清單，分別登記較大型的計畫，以及一小時內可以完成的零碎工作，這樣你得空幾分鐘時，就不用站在那裡抓頭，努力回想到底還有什麼小事要做。

10. 建立一個移動式農場。現在農夫的平均年齡是六十歲，因為門檻很高，年輕人不容易投入，老人就無法退休。不過接下來十年會有些有趣的變化，根據農業人口數據，未來十五年，美國有半數的農業資產會易手，這在任何一個文明都前所未有，所以我們真的是處在一個令人興奮的時代。

從事農業最大的門檻障礙是土地價格，但是，如果你不需要擁有土地呢？如果經營農場不需要擁有土地所有權呢？這樣在任何一塊土地上就都可以經營農場了，不管你是否擁有土地，或是借來、占來的，都可以。如果不需要取得土地，那你就可以打包農場，移到其他地方去。

當土地所有權和農場經營切割，那麼門檻經濟學（entry economics）就完全改觀了。我們農場上幾乎所有的機具設備都是移動式的，因為我們租了十塊地，這樣就可以把設施搬來搬去，我們稱之為「到處去農業」（nook-and-cranny farming），包括雞舍、行動雞舍、孵卵器、豬和牛的遮蔭設備，全部都是移動式、模組化，並且需要密集管理。

我們農場的資產大部分在資訊、管理和客戶，而不是會折舊的固定式建築、設備或土地，更棒的是移動式的基礎建設不需要建築執照、不需要做外牆內縮、不需要許可證。夫復何求？

根據我的經驗和在世界各地看到的做法，以上是新農場都適用的成功參考。農夫都是發自內心去照料天生萬物，包括保育自然以及種出優良的糧食，這是美好而神聖的使命，但是在此同時仍需要熟悉商業管理以及個人的紀律，這些原則適用於各種氣候和文化。現在，請抬頭挺胸，做個全世界最成功、正直的農夫吧。

喬爾・薩拉汀在維吉尼亞州斯沃普（Swoope）和家人一起經營波麗費斯農場（Polyface Farm），主要畜養草飼的牲口，透過關係行銷（relationship marketing）*服務六千個家庭和五十家餐廳。他著有十本書，並時常演講，積極提倡選擇食物的自由，並推廣在地的食材體系。他的農場實行全年無休的開放政策，對外展示再生農業的實際作法。

＊關係行銷，指企業在行銷過程中，還要與消費者、競爭者、分銷商、供應商，政府機構和公眾等發生交互作用的行銷過程，它的結構包括外部消費者市場、內在市場、競爭者市場、分銷商市場等，核心是和自己有直接或間接行銷關係的個人或集體保持良好的關係。

16 對人類至關重要的永恆問題：晚餐吃什麼？

——比爾・麥基班（Bill Mckibben）

親愛的青年農夫們：

我是個老食客（old eater），要先謝謝你將要提供給我們的食物。你所選擇的工作，對我每天的三個時段和其間的一些時間點而言，至關重要。如果沒有你，我會低血糖、生病，我的妻子也謝謝你。

既然已經說了「謝謝」，那麼讓我進入這封信的主題：對不起。

人類從事農耕約一萬年以來，也就是自從有些祖先極為需要啤酒而轉變為定居生活（這個發展還在持續中）、並開始種植大麥，農夫一直都依賴這片土地上可預測的條件。我們稱這段時間為全新世，正巧這期間的氣候穩定，人類文明也崛起於同時。

氣候穩定的前提是大氣中含有充分的二氧化碳分子，幾乎在整個全新世期間，二氧化碳都維持在濃度二八〇ｐｐｍ（1 parts per million，百萬分之一）上下，一直到了十八世紀，有些人發現了如何運用煤礦，接著是石油和天然氣，於是改變了整個地球。由於在數十年當中所燃燒的煤礦，相當於數千萬年來恐龍和浮游生物的份量，造成碳大量增加，目前大氣中的二氧化碳濃度已經超過四百ｐｐｍ了，而且持續上升中。

二氧化碳的分子結構會留存原本應該散逸至大氣中的熱，因而造成氣溫逐漸上升，至今已經上升華氏二度（約攝氏一・一二度），而且還會再攀升，這會讓你現在過得比以前的農夫辛苦。溫暖的空氣比寒冷的空氣蘊含更多水氣，因此在乾燥地區，將會發生更多旱災，事實上現在就已經可觀察到這個現象。二〇一二年是美國史上最熱的一年，北美大平原（Great Plains）*的酷熱和旱災造成可能有一千兆的玉米粒無法授粉，於是發生史上極為嚴重的大歉收。

由於水氣在大氣中平均只存續七天，乾燥地區發生旱災的同時，多雨地區則是水患大量增加。我的家鄉在佛蒙特州，二〇一一年就降下了破紀錄的雨量，不但沖走了橋梁、道路，還沖垮了許多河岸邊的美麗農場，經年累月培養起來的土壤就在幾分鐘內被巨石和沙土沖毀。

大平原和佛蒙特州的情況，換成地球上的另一個農耕地區，如加州、伊洛瓦底三角洲也一樣。中東的肥沃月灣，在過去數十年遭受史上最嚴重的旱災，造成數百萬農夫拋下土地，遷移到敘利亞的各個城市，為當地已經相當脆弱的政治情勢更增添不穩定因素。這也部分造成中東地區無止盡的戰火，以及大批難民急於逃離。

你所承受的這些困擾，是卑劣的我們造成的。一百個世代以來，如果你能在某個地區種植玉米，應該可以很有把握說你的孫女也可以，不過現在這已經是個幾乎必輸的賭注了，即使是最基本的人類活動都會受到質疑，科學家估計，因為溫度和濕度的上升，造成人類在戶外工作的能力減少一〇％，本世紀還將提高到三〇％。

以上這些都使你的工作更形重要。我們現在的農業體系是奠基於最好的狀況，也就是大型單一的耕作收成豐碩，而其他一切也都非常完美。不過這就像賽馬，很容易出問題。你必須成為役用馬，具備結實、粗壯、健康等特質，耐力要強過速度。可惜亞當和夏娃吃了那該死的蘋果，害我們必須「眉毛上流下汗水」*才能獲得糧食。現在即將進入第二次危機，我們

＊北美大平原，是北美中部廣袤的平原地區，位於密西西比河以西、洛磯山脈以東、格蘭德河以北。總面積約一百三十萬平方公里。

＊引自聖經的創世紀3:19：你必汗流滿面才得糊口，直到你歸了土，因為你是從土而出的。你本是塵土，仍要歸於塵土。

很快會見識到真的流汗是怎麼一回事。

雖然我們讓你們陷於如此艱難的境地，但還是有點好處——這將是傑佛遜（Thomas Jefferson, 1743-1826）建國以來的第一次——你會再一次被視為最重要的勞工。很快地，我們將糧食視為理所當然的習慣會開始改變，最終，人們想到對沖基金經理人的時候，將會覺得興趣缺缺（這也是他們應得的待遇）；年輕人交換的明星卡片上，將印著祖傳甜菜農和有機養蜂人的照片。

可能會有更多人向你說「對不起」，以及「謝謝」。他們會友善地看著你，說出那古往今來對人類至關重要的永恆問題：晚餐吃什麼？

比爾・麥基班在一九八九年出版第一本為大眾讀者寫的書《自然的末日》（*The End of Nature*），主題是氣候變遷。後來還寫了《深層經濟》（*Deep Economy*），部分是關於在地食材興起的早期說明，他也是全球草根氣候行動 350.org的創始人。

17

千萬不要獨自到田野或樹林裡去

——班・柏克特（Ben Burkett）

很榮幸有機會寫信給年輕有活力的新手農夫。我六十五歲了，四十五年前我也是年輕新手，很幸運我是一個農業家族中的第四代，我們家的土地已經耕作超過一百二十年了。

想投入農耕的人，都過著美好、健康的生活。要成為農夫，首先要具備奮發、誠實、努力、堅韌等許多特質，同時要有耐心，能夠和天氣、市場、工人、銀行、政府等打交道，這些都還只是你所將面對的一小部分。剛起步的農夫沒有土地、機具和相關知識，但是只要你願意下苦工，就可以克服這些阻礙，並發展出一套健全的農場營運體系。

具備為他人提供食物和纖維的能力，是一種恩賜也是權利——你知道你播下了種子，滋養它、灌溉它，直到收成。然後在某處，會有某人享受到你勞力付出的果實。新的技術層出不窮，不過運用的還是那些方法、作法：翻土、播種，了解四季迭變。

農耕是最古老的職業，想成為農夫的年輕人應該受到高度的重視。剛起步的新農夫各種年紀都有，要成為成功的農夫，必須要先擁有真心和關愛的精神。有時候事情發展不如預期，必須隨時準備好面對意料之外的狀況，會有好日子、壞日子，好年份、壞年份，不過最重要的是，農夫總是樂觀的，他們總是相信明年會更好。

人生導師或資深農夫可以提供引導，並且富有耐心，而農耕知識是代代相傳而來的。耕作不是個人的行動，你必須謹記，必須團隊努力才能成功。我的祖父曾經告訴我「千萬不要獨自到田野或樹林裡去」，而我也一直很喜歡有人同行。

不論你耕作一輩子或是三年，請記得，只要你照顧土地並將它傳承下去，它也會永遠照顧你。

班・柏克特住在密西西比州的佩特爾（Petal），他是非裔美人家族裡務農的第四代，目前擔任全美家庭農場聯盟（National Family Farm Coalition）主席，並且參與南方合作聯合會／土地支援基金（Federation of Southern Cooperatives / Land Assistance Fund）及印地安泉農夫合作協會（Indian Springs Farmers Cooperative Association），是活躍的會員。

18 飲食就是與自然對話

——艾咪・哈洛安（Amy Halloran）

我在鄉村長大，不過戶外對我來說是玩耍而不是工作的地方。我父親編的故事比種的菜還多，他喜歡說些和怪物打鬥的故事來逗我們，而在那當下我們只有一條僅剩的小黃瓜可以裹腹。

這是一九七〇年代在紐約州北部的事。我騎單車經過田地和牽引機，看都不看它們一眼，學校的籬笆外就是玉米田，但是我們從來沒聊過身邊這些作物。小學五年級時，有一次班上每個人都要畫一台聯合收割機，當時是以課本上的圖為參考，不過為什麼我們不去親眼看看農夫怎麼收割、儲存玉米呢？當時的教育還局限於室內、教室裡，而不在農場上。

我曾經有一份經營農民市集的工作，那時我對農耕了解得很少，我很懊惱。我曾經在餐廳、合作社工作過，所以有烹飪、上菜、販售食物等經驗；不過農耕方面，除了自己種過一點香料植物，我對糧食的認識就僅止於採購和備料了。覺察到自己的無知，我開始思考種植糧食這件事，思考我所接受過的對農耕的偏見。我們的文化到底是從什麼時候開始忽視了種植糧食的工作呢？

我並不知道所有的答案，但我對於可以怎麼矯正面對食物的心態，有了比較多的想法。身為作家，我希望帶著讀者，不僅僅認識種菜給你吃的農夫，而是更進一步了解農夫之間的對話，以及雙手與土壤的、植物與雙手的、耳朵到心靈的對話，所有人與植物之間進行著的、對於我們飲食至關重要的對話。

我的兒子是自然的關鍵線人。有一天我在準備晚餐時，十歲的法蘭西斯（Francis）從水槽裡拿出一支我們自家院子種的芹菜。我們都很驚訝於它的風味，鮮明而生氣盎然，感覺就像它蘊含著市售芹菜所沒有的（或是流失了的）芹菜精華。法蘭西斯於是開始思考關於種子，以及古代從採集到農耕生活的演變。

我對於農業的發展只有模糊的印象，感覺就是某天有些人在追逐獵物，追到懸崖，然後「噗！」地一下，隔天就開始畜牧並種植作物了。於是我催著兒子先解決眼前的工作，把餐桌收拾整齊。

我一生花很多時間在準備美好的食物上，從種植、冷凍或裝罐、嘗試了解如何提供高品質的肉和奶類，我已經沒有心思再想其他的事。不過法蘭西斯就像海綿一樣地吸收，尤其是關於植物的知識，當別的男孩隨身攜帶漫畫書，他身上帶著的是種子圖鑑。

當時，我對於糧食的認知還停留在買菜，大家都是從植物或是店裡得到蔬菜、水果。我並不了解人類能夠從土壤用心栽培出食物這件事，其實是偉大的計畫，也不知道農業是什麼時候、從哪裡開始的。

在我的兒子提起這件事後不久，康乃爾大學（Cornell University）的一位小麥育種專家給我上了個簡短的歷史課，並且告訴我一個基本概念：飲食就是與自然對話，而自然是很善於表達意見的。

這聽起來可能是顯而易見的道理，但仍然令我驚訝。我採訪了植物學家茱莉・道森（Julie Dawson），準備寫一篇麵包如何建立起一個社群的文章。當時茱莉剛從法國回來，她在當地協助農夫培育並挑選容易種植、也適合做麵包的小麥品種。

她認為這個經驗呼應了一萬到一萬兩千年前，早期人類在肥沃月灣開始馴化小麥和大麥的過程。那些早期的農夫原本是採集者，他們為了尋找可食的植物而研究地理環境。我想像他們用眼睛和手去了解野草，從中選擇可用的植物，例如挑選完好的種子穗，捨棄已經破損或是掉落地面的。

「光是在田裡種植小麥就需要多少投入，很多人想都沒想過。」茱莉這麼說。

在午後閃亮、刺眼的陽光下，我感覺農業像是人類、植物和環境之間的對話。一整排的人們與植株往後延伸，也往前延伸，沒入土地，也彼此互動。綠色的嫩芽向著陽光伸展，我們的手則伸向食物；以前我一直以為是人類在主導糧食體系，但我們其實只是一個細密合作網絡中的一部分而已。

我們不是獨立的個體，不光是在大自然的商店裡採購食材，而是整個自然體系中的一份子，和其他如小蕈類、大豪雨等自然的組成份子，扮演一樣重要的角色，這樣的想法讓我懂得謙卑。怎麼我從來不知道這一切並不是以人為中心呢？

一直到茱莉向我點出其中的關聯之前，我無法想像早期農夫和現代農夫之間有何共通點，現在我開始了解我們所吃的糧食，是孕育自植物與動物的互動之中，兩者在土壤、氣候和四季的網絡中互相呼應。所以，糧食並不是從人播下種子那一刻才開始的。

我不斷地說，是因為我很難相信自己怎麼會花了這麼長的時間才懂。我喜歡烹飪，我和家人、朋友也會聊植物的拉丁文名稱，就像別人聊運動一樣自然，其實身邊有許多機會可以讓我關注到，我們單純的飲食行為是多麼依賴自然環境，如果連我都沒注意到，那麼其他對烹飪沒興趣的人，是否更加容易視而不見呢？怎麼會這樣呢？

當我有疑問時，最喜歡從十九世紀找答案，在那一百年間，工業革命、都市化和農業設備機械化，都大幅改變了農務以及大家對農耕的看法。李博蒂・海德・貝利（Liberty Hyde Bailey, 1858-1954）等作家呈現了這樣的觀點。作為康乃爾大學農學院的首任院長，貝利在農夫教育的貢獻，對於美國農業部建立的合作延伸系統（Cooperative Extension System）極為重要，這個系統將贈地機構（land-grant institution）*的研究與全美國的農夫和社群分享。

這個延伸體系原本是單方面由官方提供給農夫，不過貝利的理想是發展成一個更緊密的組織。他盡可能地向農夫收集資訊，想了解要怎麼提供他們最好的權益。他認為農夫的價值不應該純粹以財務角度來看，也應該考量其他的貢獻。他是這麼寫的：「下雨，除了有益作物、有益溪流、降低氣溫、減少飛塵之外，對人類還有其他意義。岩石不只是建築材料，樹不只是木材，也不只提供遮蔭和新鮮空氣。」所以農夫的意義不僅止於數字，不論是計算他們產品供應的人數，或是他們提供的產品數量，他們的意義都遠遠不僅止於此。

不過很不幸地，美國的目標在於提升農地生產力，產量成為唯一的衡量標準，把原本該

*贈地機構，指聯邦政府贈予各州土地，用以興辦或資助的教育機構，宗旨在教授農學、軍事戰術和機械工藝。

屬於一種生活方式的農耕，放入工廠的框架中。

現在有很多人想要努力跳脫框架，以及一直以來定義我們飲食的產品標籤。我們想要和食材本身有更多連結，然而光是認識農夫是不夠的，我們也不能只用叉子站台。我們需要和農夫更加緊密連結，並且親眼見識供給我們糧食的流程，透過這樣的作為來表達立場。在栽種蔬果的低收入農夫身上、在為牛隻擠奶的牧人身上，以及為了留在家族土地上生活而改變耕作方式的人們身上，我們必須要能看見那一長排的人們和植株。

我們要回頭看三萬兩千年前、比人類開始在肥沃月灣耕種的二萬多年前還早的時候，那是近來義大利南部所發現石器的年份。這個石器帶有野生燕麥的殘渣，顯示有人用它來研磨，也就是說研磨食物的做法，早於農耕。從採集到耕作的漫長歷史當中，現在加入了採集野生燕麥的證據，而不僅止於種植燕麥，我覺得很棒，這也提醒了我們，飲食其實就是在自然中尋找食物，到現在仍然是如此，即使我們是從超市採買烹飪所需的食材，也只是工業取代了獵人與採集者的工作。

作為一個說故事的人，我的職責是盡可能展現其中的關聯。我想要描繪農夫工作中的結構和內容，以及農夫和自然如何齊心協力地運作。我才剛在學習苜蓿要如何固氮，還有越冬的小麥種苗如何在春天時抑制雜草的生長，我觀察並試圖說明農耕生活及我們的三餐，是與土地如何地密不可分。

我正在探索令我驚奇的領域，這樣才能彰顯眾人所未見。我會凝視天空，試圖辨認地平線上橫列著的是什麼雲，想像靠天吃飯是什麼樣子；我會研究農場上的建築和機具，這樣才能叫得出它們的名字，像是乾燥機、淨種機、播種機等，並且說出它們運作的原理。我越了解這個世界，才越能描繪出餵養我們的那一長排的人們和植株。

艾咪・哈洛安和家人住在紐約州北部，她開設寫作和烹飪課程，並且擔任社區飲食計畫的廚師。她的著作《重新定義日常麵包：種植者、植物育種師、碾磨師、麥芽製造者、麵包師、釀酒師、在地糧食支持者》（*The New Bread Basket: How the New Crop of Grain Growers, Plant Breeders, Millers, Maltsters, Bakers, Brewers, and Local Food Activists Are Redefining Our Daily Loaf*），是出自於她一生對鬆餅的熱愛。

19 深入研究你所在區域的各種歷史

——尼費・克雷格（Nephi Craig）

我很高興寫這封信給你，因為如同你現在是年輕的農夫，我也曾經是年輕的廚師，當時在白山阿帕契部落（White Mountain Apache）擔任主廚時，幾乎沒得到任何鼓勵，也沒有其他原住民主廚給我指導。我了解人生中有許多選擇，但是你年紀輕輕就投入農耕生活，是相當罕見的決定。我想告訴你，你的決定非常重要，而且必然對你有正面影響。我還記得被家人、朋友和其他同行誤解的日子，我跟你分享這些，是希望當你未來在農耕生活中也遭遇到類似的誤解時，能為你做好準備。

十八年前剛開始烹飪時，我是從廚藝學校開始，就跟多數年輕人一樣。身為原住民，我馬上就發現專業烹飪是一個完全不同的世界，因為在課程上學得越多，我發現在相關研究上完全沒有提到美國本土的原住民。有其他領域的研究是關於墨西哥或南美洲的原住民，但就是美國在地原住民的烹飪，隻字未提。於是我問老師：「您有聽過美國原住民的烹飪嗎？」我得到的是輕蔑的回答：「我知道你們會炸麵包和燉東西。」那是個關鍵時刻，我才知道原來我族人的烹飪歷史遭到了誤解。

在我生長的白山阿帕契和納瓦霍（Navajo）地區，我們的現實經歷和我學校老師以為的大不相同。從小，食物對我們來說是神聖的，與生活模式有種哲學的連結，不過這些在我的職涯早期，都沒有人知道或認真以待。雖然現在美國烹飪中豐富的農業和飲食，是奠基於原住民的傳統飲食，但在北美的烹飪歷史中卻刻意忽略了美國原住民。因為這樣的隔閡，促成了我成立美國原住民傳統飲食協會（Native American Culinary Association）的契機，希望讓原住民在美國烹飪和世界美食地圖上占有一席之地，同時也希望能支持原住民的廚師新秀。烹飪職涯走到這一步，我有信心說原住民烹飪是全美各地烹飪的「風土」（Terroir）基礎。

我鼓勵你在學習和加強技能的同時，也深入研究你所在區域的各種歷史，在美國和整個美洲，有豐富而深入的原住民歷史，包括關於土地的故事、數千年來在此生產糧食的故事，都可以學習也可以分享。每個原住民族都和祖先的土地維持著親密的關係，而所採用的耕作方法就反映出他們對整個生活方式的深切尊敬。

例如西南部的納瓦霍、祖尼（Zuni）和霍皮（Hopi）族採用旱作，這種耕作方式顯示出他們在農耕上的智慧，是經過數千年發展傳承下來的，也因此才讓他們得以轉型為定居的農耕生活。我屬於白山阿帕契族，我們採取的是策略性的農業，而不是一般誤以為的遊牧、狩獵、採集模式。我們依據地理環境、季節變換，而選擇在某些區域栽種玉米，然後讓各種海拔高度的土地栽種或放養適合的野生食物和動物。我們會回來照顧玉米田，接近採收季節時我們會有「採收營地」，在這裡採收、處理並儲存一年的農產。種植作物會和採集野生而來的糧食，一起從春天、夏天、秋天累積收藏起來，以備冬天之需。這個方式反映出白山阿帕契地區的多元性，這裡的地理環境從海拔一萬一千英呎的高山到四千英呎的沙漠都有。除了這種農業飲食傳統，還有高度發展並經過精細規劃的貿易路線，從中美洲經過墨西哥、進到我們所在的亞利桑納州，原住民的許多做法，一直到現代都還很適用。

當你耕種時，當你為人類孕育光明的未來，請記得你的工作是神聖的。你、你的手、土壤，和你選擇播下的種子，都是和宇宙交會的。從所栽種的植物，它們協助教導你深入了解宇宙與所有存在的關係，並且引導我們喜愛並尊重我們作為食物的植物，以及動物們。你的工作將讓你得以為土地發聲，也因為你努力工作而得以站在一個公正而重視糧食安全的平台上持續發聲。

我鼓勵你和能引導你的人建立良好的關係，同時也培養自己能夠教導他人的心態和能力；我鼓勵你維持謙卑，這樣才能持續學習；我鼓勵你今天、現在就開始教導他人，從你最拿手的項目開始，當你教導一項技能，要用心、要幽默，給學生創造安心的環境，好讓他們能盡量發揮學習的潛能：我鼓勵你接觸科學、流行病學、營養學、攝影、寫作和公共衛生；我鼓勵你開始為自己的想法發聲，因為你將會成為一個實務工作者，你的觀點將能令人信服；我也鼓勵你把工作視為美國農業中的一個部分，要記得原住民族的傳統飲食反映的是他們在傳統上的角色：管理並保護土地。

你做的是維繫我們未來的工作。有一天，當全世界陷於氣候變遷等有害於多元糧食體系的狀況，同時又必須想辦法餵飽持續成長的人口，你的農田將被視為地球上最重要的戶外學習空間。作為原住民，我鼓勵你把工作視為療癒土地的工作，並期許自己成為滋養人類的療癒者：你將透過提供健康、有益、美味的食物，促進人類的腦部功能達到極致。

將你自己培育成健康聰明的農夫，開發你的技能，讓你可以教導其他農夫、你的鄰居、整個社群，並擴及更大的範圍，因為你的工作觸及人類生活的各個層面。你要了解，你所具備的技能是可以教授的，但你的工作道德、對於土地和人的尊重、責任心，都是內在的特質，必須以身作則。

我們美國原住民的地理環境也可以教導你，所以你要和區域內的原住民族群建立良好且互相尊重的關係，也要讀一些偉大的原住民文學和歷史著作，尤其要讀羅桑妮・丹巴爾–歐提茲（Roxanne Dunbar-Ortiz, 1939-）的《美國的原住民歷史》（*An Indigenous People's History of the United States*），書中講述的是學校和大學裡沒有教的美國原住民歷史。這本書證明了在現在這個時代，原住民可以訴說他們的歷史，包括烹飪的歷史。

我希望可以知道你發展得如何，也希望知道在你和種子、土壤、陽光互動時，你對祖先留下的知識有怎樣的了解，以及你如何理解我們在宇宙間，與地球之間的關係；我鼓勵你盡量分享，每天都教導他人你的所知所學。另一方面，我也希望能支持你，和你以及其他也關心土地並尊重各民族的農夫共事，我希望包含我這封信在內的這本書，已經帶給你追求卓越的動力。

我很高興你讀到這裡，同時對於能夠與你分享想法，我也感到謙卑，因為作為廚師，我們跟農夫一樣有很強的工作倫理，若是沒有農夫，我們將無法從事我們的工作。我對於你作為農夫的未來感到很興奮，謝謝你用寶貴的時間來關注生命力、種子、土壤、勞動，以及我們的地球。

尼費・克雷格是來自於白山阿帕契/納瓦霍族的行政主廚，也是美國原住民傳統飲食協會的創辦人。協會提供一個網絡，連結原住民廚師、主廚、學者、農夫，以及關心保存美國原住民傳統飲食及其發展的的社群成員。十八年來，克雷格的烹飪經驗遍布美國各地的原住民自治區（Indian Country），也曾經到倫敦、德國、巴西和日本。他目前在亞利桑納州白山阿帕契部落的日出公園度假飯店（Sunrise Park Resort Hotel）擔任行政主廚。

20 只有擁有自己的土地和家，才可能有自由意志
——溫德爾．貝瑞（Wendell Berry）

我時常會想起肯塔基州鄉村地區的現代史，它各地的情況都很悲慘。例如在我的郡中，每個城鎮在二十世紀中葉都是繁榮的經濟社會中心，但現在都已變成死城一個或者奄奄一息了。我不曉得這個州的任何機構是否擔憂這件事，至少我還沒有聽說。先前，這些城鎮對彼此具有功能性，因而讓當地居民以及他們所從屬的環境能夠得到支撐，但現在少了這層關係，人與人之間的關係就變得如同隨機的粒子。

為了讓你更了解，我要引用安妮．柯迪爾（Anne Caudill）二〇一三年六月二十二日寫的一封信。安妮是哈里．柯迪爾（Harry Caudill, 1922-1990）*的遺孀，有許多年的時間她參與

了哈里對於東肯塔基的現況研究，及為該地區爭取權益，而在哈里過世後，她依然持續著當初和哈里一起投入的熱情與努力，她所說的話也很值得參考。她在信中是這麼寫的：

上週日的《萊辛頓先鋒領袖報》（*Lexington Herald-Leader*）大幅報導目前礦業的沒落，或許諾特郡（Knott County）的卡琳・史隆（Karin Slone）的經歷，是最有力的證明。她的丈夫失去了礦場的工作，最後終於在阿拉巴馬州找到了工作，於是他們只好舉家搬遷，卡琳說：「我們早該開發經濟多元化。」

五十年前，哈里盡其所能嘗試鼓勵多元化，在工作機會大幅下滑時，我特別關心那些再度遭受打擊的家庭。再一次，他們並不是遭受剝削，而是被遺棄了。

以上精要而實際的描述，就是安妮所稱的「悲劇」，而這悲劇並不只適用於肯塔基州東部的現況，也幾乎反映整個肯塔基的鄉村地區，只不過因為該州東部很早就廣泛而迅速地推行工業化，因而遭受最顯著而嚴重的後果。其他地區（例如我所在的區域），則是在第二次世界大戰之後，農業的加速工業化時期才開始加入，而工業化的腳步因此越來越快。工業化的故事處處可見，而各地的結果也都一樣，就是毀滅。雖然不同地區的發展速度不同，但在我們這個州已經幾乎完全看到發展的結果了。

要清楚知道工業化的內涵和意義，我們要仔細看待安妮信中的部分用語，首先她提到一整個地區的經濟相當依賴「工作」。這個詞，就是我們在政治領域中常說「創造就業」所指的工作，但它完全切斷了工作和使命感、才能、職業選擇之間的關聯，這個「工作」無關特定人或特定地點，如果一個肯塔基州東部的人失去了他的工作，然後到阿拉巴馬州去找到了工作，那麼他就是停止了「失業」狀態，而轉為「就業」了，這跟他是誰、這個工作的所在地點都無關。只要有「受僱」於一個「工作」，就完全符合了工業化經濟與工業化政府的社會目標。

或許永遠會有「工作」，也會有去填補這些工作的「僱員」，但重點是工業化大幅增加了這兩者的數量，同時，失業的、不適於受僱的人數，也提高了。我可以很肯定地告訴你，我這個郡一九四五年時經營成功的小農場和商店老闆，以及自僱的工藝技師，不會把他們做的事稱為「工作」。這些人，以及具有技能而在家鄉受僱於人的居民，大部分都已經消失，取而代之的是在大型連鎖店工作，或是操作大型機械的少數人力，或其他取代人力的工業化科

＊哈里．柯迪爾，曾三度擔任肯塔基州眾議員，並曾任教於肯塔基大學歷史學系，是作家、律師及環保主義者。

技。在地經濟和社群，甚至在地家庭中，過去人們都是作為其中一份子地生活、工作著，但現在都已經崩解了。那些曾經是群體中互助的成員，現在成為「勞動力」中的「人力資源」，他們的命運（以安妮信中的用語來說）就是在經濟衰弱時，或是有機械或化學藥劑可以取代他們的「工作」時，被資方「剝削」或是「遺棄」，而這就精確定義了這場悲劇的可悲之處。

但是，肯塔基鄉村人口是怎麼變成如此依賴政府所偏好的產業的呢？這些政治人物總是說要「帶進來」、可以「創造就業」的產業？而在依賴之後，最終卻被拋棄？要回答這個問題，我要再度提到肯塔基州東部，以及我五十年前在那裡所理解到的（或是當時才意識到的）現實。

一九六五年夏天，我安排了幾天時間去拜訪朋友葛尼・諾曼（Gurney Norman, 1937-），他當時是《哈澤德先鋒報》（*Hazard Herald*）的記者。當時有一位健壯的長者丹・吉布森（Dan Gibson）帶著點二二口徑的來福槍，阻擋一台要進行露天開採的推土機。他所捍衛的那塊土地，屬於他服役於海軍、正被派到越南的繼子所有。吉布森的抗爭、被逮捕，當時引起相當大的關注，因而有一群人在某個週五夜晚，聚集在辛德曼（Hindman）的法院，而我和葛尼也參加了那場集會。聽到哈里・柯迪爾的演講，讓我想起一七七六年夏季在費城的幾場集會*，因為他提到了美國國內延續英國殖民主義的人：「那些摧毀世界的蠢蛋，以及煽動他們的快樂野蠻人」。

當晚的另一場演講也很令我感動，講者是李羅伊・馬丁（Leroy Martin, 1938-1972），他是阿帕拉契拯救土地與人民組織（Appalachain Group to Save the Land and the People）的主席，他見證了吉布森的行動、忠誠與勇氣，而非常令人印象深刻的是，他提到吉布森所捍衛的山坡上的樹林，說到那些樹的名字，並且提醒聽眾，其中有許多在地人知道這些林地的特性和價值。

當時我得出的三個想法，至今我還一直想起。

第一，我們世界任何一部分所遭受的永久性摧殘，其伴隨的生態成本和人心的失落，都是不可能測量、了解或表達的。

第二，則是至今仍不斷嘗試挑戰這樣的不可能，透過實際對抗機械或是政治運作，希望能永遠阻止這種恆久的傷害。吉布森不合法的武器，面對的是十三名州警、一名警長、二名副警長所握有的合法武器，而我們試圖對抗讓工業機械大行其道的政治運作，卻並沒有得到任何回應。如果錢會說話，就像主流的政治人物所認為的，那我們只能說，我們微弱的聲音

＊一七七六年七月四日，美國獨立宣言於費城發表並通過。

面對的是巨額利益的大聲回應，即使它們輕聲細語，依然勢不可擋。

第三，也是我現在想推廣的，是關於希望以及改過。阿帕拉契拯救土地與人民組織的名稱，以及（如果我沒記錯的話）萊羅伊・馬丁的演講，都指出我們不應該光只談論或是考慮土地，或是只關注人，而應該將兩者合而為一。如果想拯救土地，就必須同時拯救屬於這片土地的人們；如果想拯救人們，也必須拯救這群人所隸屬的土地。

要了解這個說法的全然正確性，我認為就是要了解我們所必須承擔的工作。這其中的關聯當然有其必要性，因為無可迴避。所有的人之所以活著，都是因為我們與土地的直接關聯。我所說的不是「環保主義」中所表達的關聯，而是透過工作、居住、生活而建立的經濟連結，這個我們每天都接觸到的連結，可能是熟悉、喜歡、補救、疏離、漠不關心，或是毀滅性的。

自從在地的家戶經濟被摧毀，土地與人之間的補救關係就開始流失，不論是二戰後的美國或是今日的中國，都或多或少是因為政策，而將人驅離土地；同時也是因為留在土地上的人被政府或學者專家說服了，以為他們「經不起」自己生產任何東西，而必須把所有的土地和努力投入於賺錢，再拿錢來買需要的東西，或是因為受到遊說而想要的東西。產業領袖和工業化的政治、教育決定，因為「有太多農夫了」，所以讓多餘的農夫去從事都市裡的「工作」會比較好，於是，二戰後的國家計畫之一，就是把人從土地上移到工業中，從在地生計移到工作與消費的經濟中，而這個計畫相當成功。

在肯塔基州鄉間各處都可以看見人與土地被劃分區隔，全世界各地的情況也一樣，但不論自由派或保守派都無視於這個問題，讓它不但破壞了人與土地關係補救的可能性，也破壞了重要的價值與傳統。因為許多獨立的生產者被轉變為完全依賴的消費者，如此大幅的轉變造成了立即的災難。缺少了與土地之間的補救關係，人失去了對自己和他人的其他功能，除了涉及金錢時。一切所需都必須要買，而不能買的東西，就無法擁有。

這樣的巨變，也成了哈芮特・雅諾（Harriette Arnow, 1908-1986）小說《製偶師》（*The Dollmaker*）的主題。在這本書開頭，我們認識到女主角葛蒂・涅芙思（Gertie Nevels）是一位很有能力的女子，她的能力並不來自於任何政治、社會或經濟的「成功」，而是她非常懂得運用家鄉在地的各種資源，任何需要做的事，她都可以透過自己的力量、意志，以及所傳承的在地知識達成，對她來說，這是讓她可以在家鄉貝柳（Ballew）維持滿足的方法。但是她的丈夫克羅維斯（Clovis）既不滿足，也不在家鄉貝柳，他是工作時有時無的機械工、運煤司機，他的希望和沮喪就如同他那輛破爛的卡車。在二戰時期，世界在改變，人也在變，他因為體位不合格不用當兵，又受到現代生活與「賺大錢」吸引而前往底特律，找到「機械維修員」

的工作。

葛蒂只好帶著孩子跟著來到城市。在這裡，她感覺汽車是在「不屬於人類的世界自動駕駛著」，並且發現克羅維斯租了一個令人沮喪的小房間，壁板很薄，而且已經舉債買了一輛二手車、一台收音機和其他東西。

在這種情況下，葛蒂在實務工作上原有的判斷力被消磨殆盡，唯一的意義只剩下悲傷。在家鄉，她夢想買個自己的小農場，本來也幾乎要買了，那將可以讓她更有效地運用她的能力，讓她的意志有更寬廣的發揮，但來到底特律後，生活大幅縮窄，讓她覺得：「自由意志、自由意志，只有擁有自己的土地和自己的家，才可能有自由意志。」（現在我們應該注意到了，過著葛蒂・涅芙思夢想中補救式生活的人，還付得出錢來，但是在底特律卻鐵定破產。）

能「擁有自己的土地和家」是建築在能夠自主自決的基礎上，了解這一點後，邏輯上再往前跨一小步，就可以理解一個社群的自主自決，也需要建立在同樣的基礎上，也就是這個社群的家鄉的土地上，以及要有合理的方式衡量在地的土地利用。這讓我們能有一個標準，衡量「外部利益」對一個區域或社群的影響，也可以衡量「外來產業」的政策，以及所引進來的產業。外部利益來到一個地方，並不是為了幫助當地居民，或是因為與當地社群懷有相同的目標，也不是要關照當地的鄉間環境。當一個地方不夠吸引人了，沒有可剝削的，或是比起其他地方已經無利可圖了，那就沒什麼好留戀了。

我們可能不想反對所有被引進來或是主動前來的產業，但在地人和社區應該要堅持自己去處理想遷入的外部利益，而不應該只是讓州政府或任何其他官方單位為他們安排，這當然就需要有效、非官方的在地組織，而我認為我們正在發展這方面的能力。

但要能自主自決，最有效的方式是使用和保護在地資源，包括在地人的聰明才智與技能，以此為基礎去發展在地經濟。在地資源若是以工業化的方式生產或開採，再運輸到外地去，那麼對在地而言就幾乎沒有價值了；只有由在地居民開發、生產、加工、行銷，並且最好也銷售給當地人，那才能夠支持在地經濟，同樣也受到在地經濟支持，這才能更加彰顯在地資源的價值。而我們也才能了解，一個取自於當地農田與樹林，並且足以供給在地所需的經濟體，必須是多元的。

以現況而言，州政府、聯邦政府或任何其他單位或組織，都沒有辦法拯救肯塔基州鄉村的土地和人們，這些官方力量主要用來推動企業的經濟，而不是幫助肯塔基州小社群的生活和生計。但我們不應該因此就放棄提升政治、改善政策、爭取更多代表權、讓政府更加了解我們的困難和需求，不過也不應該指望政府單位、大學行政體系等等，唯有停止期望，才能讓我們看得更清楚也更自由，並且能夠重新運作我們的心智。

事實上，如果土地和人能夠得救，那麼將會是得之於尊敬自己與土地而一起行動的在地居民，他們必須採取友好、歡樂、寬厚的方式，並且在最小的細節上也要考量務實和經濟。那麼該怎麼做呢？以下有幾個建議：

1. 我們必須摒棄政客、名嘴和各種專家所倡導的一種觀念——現實最終是政治性的，所以最終的解決方案也是政治性的。如果我們的計畫是要拯救土地與人，那麼必須從在地去努力。如果我們有政治資源，當然可以運用，不過我們大部分都沒有。不過在等待政治人物之外，其實還有很多可發揮之處，看起來是只有人好了，政治才會好，而不能指望由政治帶動人的進展，因此，「領導人」也需要被領導。

2. 我們必須自行判斷來自於權力、財富和意見核心的協助，只有依我們的標準觀察、認為能提供真實的協助，才能接受。企業的目標，以及他們在政治、學術界的朋友，都是要將大型、標準化的解決方案推廣到世界各地。但我們的目標，以約翰・陶德（John Todd）的話來說，必須是「以各地區的獨特性為基礎，採用優雅的解決方案」。

3. 目前國內與國際經濟的主流思想，是競爭、消費、全球主義、企業獲利、機械效能、科技變革、向上流動，而這些思想都隱含著對於土地與人的暴力。相反的，我們必須重新思考尊嚴、謙卑、喜愛、熟悉、友好、合作、節儉、適當性，以及對於在地的忠誠，這些想法可以將我們帶回最好的傳統，帶我們回家。

4. 雖然我們最糟糕的問題中，有許多都茲事體大，但不見得需要大型的解決方案。許多必需的改變都得在個人生活的層面執行，或是在家人間、家戶裡或在地社群中改變，所以我們必須了解規模的重要，並且學習判斷適合我們地區和需求的規模。外來的產業可能會對小社群和在地生態帶來巨大衝擊，這是因為外來的產業以及引進產業的人都忽略了考慮規模。

5. 我們必須了解並重申，自給經濟（subsistence economy）*對家庭與社群極為重要。

6. 為了延續文化與社群的生存，我們必須重新思考教育的目的、價值與成本。尤其是高等教育，因為它通常會讓人離開家鄉，並且讓畢業生面臨失業或負債，或是兩者兼有的窘境。當年輕人從大學畢業後因為負債太重，連回到家鄉發展的本錢都沒有，大家就該重新思考。知識永遠不嫌多，但學校數量確實可能太多了。

7. 每個社群都必須知道，當地的土地有多少是由在地人持有，又有多少可以提供在地需求與使用。

8. 每個社群和地區都需要盡可能精確地知道，當地對於在地農產品的需求。

---

* 自給經濟，自給自足的生存方式，通常僅能維持生存。

9. 了解上述的需求之後，地方上必須要討論如何滿足需求。

10. 工業科技使用土地的方式，常會造成濫用。雖然是以「節省人力」的形象推廣，但這樣的科技事實上是在取代人力，讓人們必須離開或是要面對失業，土地的產物則被暴力奪取並帶往別處，於是土地荒廢了，河川也被毒害了。為了我們的家園和我們自己的生存，我們在利用土地的經濟體系中，需要更多具有技能並愛護土地的人投入，要達到這個目標非常困難，並且解決之道可能在非政府的自僱者身上，我們不能指望摧毀土地的人能夠經營好土地經濟。

11. 在土地經濟（land economy）中，實際做事、即時風險最高的人，一直以來都最不受重視也收入最低。所以我們應該竭盡所能和地主與用地者建立連結，以做好土地利用計畫，同時也要連結需求面的管理，以及維持公正的價格。在肯塔基州所能參考的最近而熟悉的模型，就是聯邦菸草計畫，它對於小型和大型生產商都提供一樣的經濟支援。

12. 如果我們想拯救肯塔基州鄉村的土地和人們，就必須先面對偏見的問題。許多肯塔基鄉民對自己有偏見，因為他們聽說、以至於也相信，他們是粗野、落後、無知醜陋的，所以沒有資格阻礙進步，雖然所謂「進步」將會摧毀他們的土地和家園。另外，也很難去質疑好的地區曾被破壞（例如煤田）或是被惡意侵占〔例如湖中之地（Land Between the Lakes）〕*，因為政府認為那裡除了一些山區居民和鄉下人，沒有其他人居住。肯塔基州鄉村地區對於某些弱勢族群還是存在偏見，這樣會造成隔離、削弱、干擾，因而減少我們的需求和工作所能得到的關懷。

最後，我很感謝參加這場演講*的觀眾。我記得以前沒有「肯塔基共好」（**Kentuckians for the Commonwealth**）等組織的日子，所以我明白它的價值，我也以身為其中一份子為榮。透過與你對話，我感覺可以超越一些誤解，接觸到真實的鄰居和腳下的土地。只要我們對土地和人們保持信心，視兩者為一，而非分別的個體，那麼我們就能找到正確的方向，我們那長期而必要、艱辛而快樂的努力，就能夠延續下去。

---

* 湖中之地，肯塔基湖（Kentucky Lake）和巴克利湖（Lake Barkley）兩湖中間的狹長地帶。

原註

*〈拯救土地與人民的在地經濟〉（Local Economies to Save the Land and the People）一文首次發表於溫德爾・貝瑞在二〇一五年的散文集《我們唯一的世界》（*Our Only World*）。他首次以這篇文章內容發表演說，是二〇一三年八月十六日在肯塔基州卡羅頓（Carrollton）的肯塔基共好的活動上。

溫德爾・貝瑞有超過五十本著作，包括詩集、小說和散文，最近剛獲頒國家人文獎章、南方作家協會（Fellowship of Southern Writers）頒發的布魯克斯終身成就獎（Cleanth Brooks Medal for Lifetime Achievement），以及布朗菲德協會獎（Louis Bromfield Society Award）。四十多年來，他和妻子譚雅・貝瑞（Tanya Berry）都在肯塔基州生活並耕作。

21 廚房、餐廳與田野中的種種是彼此的延伸

——艾莉絲．華特斯（Alice Waters）

親愛的青年農夫：

首先我要說「謝謝你」，謝謝你選擇成為農夫，選擇照顧地球；謝謝你致力於餵養我們所有的人；也謝謝你激發我開餐廳的志業，你是我改變過程中的夥伴。

四十四年前當我剛開帕尼斯之家（**Chez Panisse**）時，我以為這間餐廳只是個朋友聚會、聊政治的小地方。

十九歲時，我到法國待了一年，老實說那一年完全改變了我的人生，某方面來說是把我打醒了，讓我覺得自己從來沒有真正嚐過食物的滋味。我在法國第一次接觸到現在所謂的

「慢食文化」，不過在六〇年代的法國，那不過就是一種生活方式。我每天上學途中都會經過的一條街上，有個美麗的市集，我也都在當地餐廳吃飯，我吃到的是前所未有的滋味，打開了我的感官，在我心裡點燃了某些什麼。我很清楚記得我第一次注意到食物的來源，那是一碗小小的、珠寶一般的樹莓，採自附近的樹林，還有水芹，它帶有胡椒味的翠綠葉片和莖幹，這些都和我吃過的食物大不相同。就因為這樣的體驗，開啟了我對食材的畢生追尋。

在法國的體驗不光只是食物。那時學生聽音樂會、逛博物館都可以免費，還有很棒的公園和開放空間，在這整個文化體驗中，好的食物總是在核心位置。我回到美國後，就開始尋找那樣的生活品質，但是找不到。

於是我很天真地決定自己開一家餐廳，這樣我就可以像在法國時那樣吃。我當時一定是以為食材會如同魔法般出現，不過當然不可能，我們必須去找，或是試著自己種。當時因為實在想不出辦法，我就從法國偷帶了各種生菜種子回來，種在自家後院。不過這樣還不夠，一位朋友慷慨地借我們一塊地，我們播下蔬菜的種子，不過我們從沒想過其實我們不懂耕種，於是所有的作物都被害蟲毀了，簡直是一場災難。不過因為自己嘗試不成，加上對於食材的風味有狂熱的執念，於是我們找到了在地的有機農夫。

剛開始只有少數幾家農場，不過我們馬上就知道找對了，我們找到了真正的食物。一旦開始認識農耕的世界，我們就想懂得更多，想開發新的農場、認識新的農夫、試吃新產品。每位農夫都有他獨特的農產，例如馬斯・馬蘇莫托（Mas Masumoto）的陽冠蜜桃（Sun Crest Peach），或是華倫・韋柏（Warren Weber）的芝麻葉。於是我們決定招聘一位全職的「採集師」（forager）＊（這個職稱應該是我們發明的），像找松露一樣，專責尋找新的農夫或在自家後院種植的人，看看他們有沒有非常特別的食材可以加入我們的菜單，我們希望沒有中間人，可以直接把食物應有的價錢交到農夫手上。很快地，在地農夫知道我們重視他們的工作，也願意支付較好的價錢，於是過去四十年來，我們已經和超過八十五個農場建立起穩固的夥伴關係。

一個餐廳有這麼棒的農產品可以烹調，完全改變了我們烹飪的樣貌，因此我們決定盡可能頌揚我們和農夫所維繫的關係，而開始把農場和牧場的名字印在菜單上。於是莓果不再只是莓果，而是來自索諾瑪農場（Sonoma farm）「鮑伯・卡納爾（Bob Cannard）的莓果」。這種認定不僅是把榮耀歸於我們最重要的合作夥伴，也能為他們培養獨家客戶，因為如果客人喜歡某一種李子，他們就可以到農民市集去找這位生產者，進而成為他的固定客戶。

＊ forarer，原指搶劫者、強徵糧食者。

經營餐廳十五年後，我們開始覺得有需要和農夫建立更深的連結，並且也想找個我們自己的農場，我們很幸運地找到鮑伯・卡納爾，他是天生的農夫，願意跟我們獨家合作，我們也承諾購買他種植的所有農產，保障他的生計。他教導我們愛惜土地，我們從他身上學習到「滋養」的真正含意，學到四季，以及年復一年的律動變化。有時候蘋果又小又酸，比較適合醃漬，有些年份則是豐滿多汁，適合做法式烘餅。

鮑伯甚至從餐廳帶回所有的廚餘，他負責載到農場做堆肥，也負責帶回新鮮的食材，真正的垃圾換黃金。這樣的做法讓帕尼斯之家所有的員工學習到人與土地的關係的不同價值。廚房、餐廳與田野中的種種存在著極為重要的連結，我們成為彼此的延伸，這就是慢食運動的發起人卡羅・佩屈尼（Carlo Petrini, 1949-）所說的「共同生產者」。

佩屈尼也認為農夫是「土地的知識份子」，因為他們具有實務經驗和精準的知識，能夠為特定地區選擇合適的種子，用最好的方式種植、照料它，直到生產出熟度最完美的成果。

美味就是這麼回事。美味讓我的工作無可抗拒，也讓你的工作如此重要。我常說農產品至少有八五％用於烹飪，因為美味才能讓人真正覺醒，把人帶回感官體會、帶回土地。

艾莉絲・華特斯是一位主廚、糧食行動主義者，也是加州柏克萊帕尼斯之家餐廳的創辦人和所有人。一九九五年創辦校園菜圃計畫（Edible Schoolyard Project），後續又協助規劃、成立耶魯大學的永續糧食計畫（Sustainable Food Project）和羅馬美國學院的羅馬永續食物計畫（Rome Sustainable Food Project）。二〇一五年，她獲得歐巴馬總統頒發國家人文獎章，她還寫了十五本書。包括名列《紐約時報》暢銷排行榜的《簡單食物的藝術》（*The Art of Simple Food*）第一集、第二集，以及《校園菜圃》（*The Edible Schoolyard: A Universal Idea*）。

22 農夫腳勤就是最好的肥料

——艾略特．柯爾曼（Eliot Coleman）

注意細節，就這麼簡單。這四個字對各行各業來說，都是個好建議，不過對於多樣化的小型農場而言，注意細節可能格外重要。因為當你在自然世界中做事，尤其是如果要照料許多種作物和牲口，那麼會牽涉到的因素將多不勝數。

如果要迅速有個需要多少注意力的概念，可以先想想有多少事。某些小型蔬菜農場大概會種三十五種以上的作物，因為需要大量栽種，所以其中有些蔬菜會選擇四至五個品種；因為需要接連著收成，所以需要規劃許多不同的栽種日期；而要能精確訂下栽種日期，就要靠前一年仔細地留存紀錄；林林總總大約要作數百個決定，包括作物輪種、土壤種類、栽種和收成的日期、勞力需求、儲藏和處理，還有許多其他的細節。我一直都覺得，任何人只要能管好一個多元的小型農場，就可以直接去擔任中型企業的執行長，完全不會有差錯。

先從一年的開始說起吧。你有在對的時間預訂足夠的種子嗎？你最喜歡的茄子品種缺貨中，找好替代的作物了嗎？那個還沒種過的新品種番茄，你打算種多少？你有穴盤和標籤柱嗎？種子有沒有妥善儲存？有沒有足夠的盆栽土？有沒有先用一些種子試過新一批的土，看看它的成分是否沒有問題？溫室的加熱器保養了嗎？溫室的塑料上次更新是什麼時候？有沒有檢查過底層溫控器是否設定在適合發芽的溫度？你用的溫度計夠精確嗎？有沒有設置警報器，在停電或加熱器故障時可以發出警示？以上只是你剛起步時要考慮的其中幾項。

當你製造出農、畜產品，就必須做好銷售的安排，如果不夠當心，保證年年有驚喜。你合作的商店和餐廳有擴張嗎？或是有歇業的嗎？有沒有他們需要但是你還沒種的作物？合作社新來的經理知道他們每年的冬南瓜都是你提供的嗎？你有足夠的貨箱可以運送產品給新簽的客戶嗎？

每年秋天我們都會跟附近的農夫聚餐，有個傳統是其中一個人會朗誦E. B.懷特（E. B. White）寫的〈備忘錄〉（Memorandum）。這其實是我提議的，文章的每個段落都是一份清單，每句都是這樣起頭的：「今天我應該」、「我應該要完成」、「不過我必須先」、「我應該要去找」、「我剛想到」，最後的結尾是「我發現已經四點了，天都快黑了，我該走了。」我們會大笑、互相乾杯，我們所選擇的生活就是這樣複雜而費工，內容包羅萬象，超乎大多數人的想像。

不過如果做得不好就不好玩了，我們的成就感是來自於美好的成果，也就是必須睜大雙眼、記錄下所有觀察、不能將任何事物視為理所當然，要了解中國諺語「農夫腳勤就是最好的肥料」（the best fertilizer for any farm is the footsteps of the farmer）*，說得一點都沒錯。

艾略特・柯爾曼是農夫也是作者，著作包括《新有機栽培》（*The New Organic Grower*）、《四季收成》（*Four-Season Harvest*）和《冬季作物手冊》（*The Winter Harvest Handbook*）。他在緬因州哈伯塞德（Harborside）經營果菜園，銷售溫室蔬果，他的溫室整個冬天都不需要使用加熱器。

* 也有一說是日本的古老諺語。

23 每一滴水都可以為我們帶來更多的收成

——布萊恩．瑞契特（Brian Richter）

我的叔叔馬汀（Martin）在德州中部種植一六〇英畝的棉花田，我童年最美好的回憶之一就是幫忙馬汀灌溉農田的那些日子。我永遠不會忘記打開水道閘門，讓水流進田裡時那種男孩純粹的喜悅。聽著水流的咕嚕聲、看著水奔流而出，就像釋放籠中鳥一般的滿足。

我也清楚記得當地的推廣人員來訪，纏著叔叔叫他要少用點水，其實不需要他提醒，因為就在幾年前，大約一九五〇年代中期，有許多農場和牧場經營者所遭遇的悲劇還歷歷在目。當時一場嚴重的旱災使所有的牧草地化為不毛之地，許多德州的牧人只好帶著牛群往北移動到奧克拉荷馬州去尋找青草地，但卻徒勞無功，很多人最後進了救濟院，其中就包括我的另一個叔叔比爾（Bill）。我想比銀行帳戶破產還讓他難受的，應該是必須心痛放棄經營多年的牧牛業。

推廣人員一直試圖說服馬汀不要再依賴流經農場的溪水作為灌溉水源，因為下一次旱災時這條溪必然會乾涸，所以他建議馬汀投資裝設可使用地下水的中央樞紐灑水系統（center-pivot sprinkler system），並且聲稱地下水就像地下的海洋一樣，永遠不會枯竭。

我一直到多年後才懂為什麼馬汀不願意放棄溪水，因為對他來說，灌溉就像沉思，渠道裡溪水的噴濺、在田裡巡視確認每道溝、每個角落都有水流過，對他來說像是儀式，這和自動灑水完全不同。

馬汀這麼跟我解釋他的日耳曼式堅持：「如果螺絲釘的螺紋被刮傷過，那螺帽就永遠拴不好了。」

馬汀看著為了連接聖安東尼奧（San Antonio）、奧斯汀（Austin）和達拉斯-沃斯堡（Dallas-Fort Worth）等新興城市，而開闢的三十五號州際公路，用柏油覆蓋了他和鄰居的農場。而我父親的家族所經營的小樹林農場（The Grove），以大片的棉花樹聞名，現在也僅存在我們的口述歷史中了。

那些發展中的城市也很快就了解了當地農夫早就學到的一課：水資源有限。在原本的環境中，現有的農場已經充分使用區域內的可再生水源，其實已經沒有餘裕再去灌溉郊區的草皮和沖他們的馬桶，但是這些城市盡其所能利用所有可取得的水源，造成許多溪水和河流枯竭。

每次站在奧斯汀市中心國會大道橋（Congress Avenue Bridge）上往下看科羅拉多河，我都忍不住想，有沒有人知道這條河曾經滔滔流過，現在卻像是逐漸逝去的鬼魂。河川水位降低，不僅影響河裡的魚，非常依賴河川的都市居民和農夫，在乾旱的年份也將面臨很高的缺水風險。作物和牲口將曝曬於荒野，發電廠沒有足夠的水可以用來降溫，也無法運作。

可再生水源消耗殆盡這件事，絕對不僅限於德州，整個美國西部已經有半數的河流都因為城市及農場所需，而減少了一半的水量，另有四分之一的河流水量也已經減少四分之一。以全球來看，已經有三分之一的河流水量減少七五％，部分是在乾旱的年份才如此，也有部分已經成為長期的現象。

在美國，有超過三分之二的溪水乾涸現象是肇因於農田灌溉，而在全球，則高達九成以上。

很可悲的是，當我們奪取了河川的水源，很多地區的地下水儲量也開始下降，已經有數百萬口井鑽到地下含水層的深處，自然循環補充地下水的速度遠遠趕不上人類抽取的速度，所以馬汀遇到的那位推廣人員在一九五〇年代所說的並不對，我們現在已經知道地下的海洋並非浩瀚無邊。馬汀農場附近的水井，數十年來水位不斷下降，於是農夫只好往更深的地層去抽水，這也造成電費大幅提高。從加州的中央谷地到大西洋海岸平原，我們都看到從上一個冰河時期累積至今的地下水源逐漸乾枯，即使我們明天就把抽水幫浦都關掉，大自然還是需要數千年的時間才能補回所失去的地下水量。

河流普遍缺水的問題，對魚類和其他水生物種已經造成毀滅性的影響。我在馬汀的農場最不愉快的回憶之一，就是在我們開始灌溉後的某一天，我順著溪水往下游走，看到數百條太陽魚和鯰魚躺在乾涸的溪床上，無助地拍動尾巴。水留在河裡並不是浪費，這是非常深刻的一課：水能夠維繫我們所賴以為生的生命網絡。

在德州，還有在其他水資源吃緊的地區，包括從加州、科羅拉多州到喬治亞州、北卡羅萊納州，甚至到更遠的敘利亞、澳洲和印度，當地的農場和城市都為了有限的水資源，形成激烈的競爭和衝突，而緊張情勢將隨著氣候變遷而更加嚴重。新聞媒體加油添醋放大了爭議，報導農夫指責都市居民把水浪費在草皮和游泳池上，而都市居民則提出數據來反駁說，農夫用掉的水才多。

我在大自然保護協會（The Nature Conservancy）的同事蘿拉・賀夫（Laura Huffman）說得好：「我們創造了一個循環不已的行刑隊。」

我們不能這樣互相抨擊下去。在美國以及全球其他地區的水資源危機中，許多專家都只見到前途一片黑暗，但我不能接受，我認為作為青年農夫，你們應該要知道其實有很多選擇和機會，可以解決缺水和衝突的問題。

但是該怎麼做，應該由你帶頭，主要有兩個原因。

第一，你可以把它想成是進攻戰術。如果全球缺水地區的農夫可以想辦法節約一〇%的用水，那麼就足以讓全球所有城市的供水加倍。

我們的目標其實不是這樣，不過你應該懂我的意思，農夫其實有能力大幅改善目前嚴重缺水的現況，世界經濟論壇（World Economic Forum）已經把缺水列為全球經濟的第一大威脅了。

第二則比較偏向防衛戰術。大家都知道大部分的可再生水資源是用於農業，所以缺水時其他人就會怪你，二〇一五年正值嚴重旱災時，加州就出現了指責農夫的聲浪，你必須消除負面形象。光是說你需要水來種植大家要吃的糧食已經沒有用了，你也需要說服社會大眾，證明你是盡可能有效率地在用水，並沒有絲毫的浪費。

但是節約用水並不代表就要減少農產量。全球各地都有實證顯示，即使減少用水，產量也不會減少，甚至還有增加的空間，也就是說只要更謹慎地使用水資源，每一滴水都可以為我們帶來更多的收成。

***

在這場缺水危機中，你和整個產業中的農夫有一個很大的機會。以下是你要想辦法談成的交易。

你同意透過先進科技和最好的灌溉方法，盡可能節約農場用水，你也同意讓其他人使用你所不需要的水，例如把你部分的用水權轉讓給別人。相對地，你可以要求政治領袖改革，目前有很多反常而難懂的法律和政策，既混亂又會拖延程序，造成很難節約或分享用水，進而造成水資源的交流有許多不確定性，必須要求改變。你也應該因為你的不便而得到補償，例如因為節約用水而衍生的成本，以及一點獲利讓你有動機維持良好的行為。

這樣的補償不是幻想或一廂情願，每年都有越來越多的實際案例，光是二〇一五年，聖地牙哥市的水資源管理單位支付給加州帝國灌溉區（Imperial Irrigation District）的農夫就超過六千萬美元，因為他們節省的用水可以轉移作其他用途，並且也計劃每年持續辦理，至少維持十年的時間。獲得資金的農夫就可以用來付清農場的負債、購買新地，或是幫農場做一些先前只敢夢想卻不敢做的改善。現在有越來越多非政府組織營運的社區水資源信託，例如我的組織也是，會協助不同用戶之間的水資源交流，也會將部分的水回歸到缺水的河流。

我很希望馬汀叔叔當初也有這樣的機會，如果可以幫忙想辦法節約他的農場用水，一定很好玩，而且以馬汀的商業頭腦，一定會用節省下來的水去跟別人交易，把獲利存下來錢滾錢。

而且或許我可以說服他，也為魚兒多保留些溪流。

布萊恩・瑞契特是大自然保護協會全球水資源計畫的首席科學家，二十五年來為全球超過一百二十個水資源計畫提供顧問服務，他也在維吉尼亞大學教授水資源永續的課程。著作有《水的追尋：從匱乏到永續》（*Chasing Water: A Guide for Moving from Scarcity to Sustainability*），也和珊卓拉・波斯特（Sandra Postel）合著《生命之河：人與自然的水資源管理》（*Rivers for Life: Managing Water for People and Nature*）。

24

農耕應該師法自然，以森林與草原為模型

——麥可・波蘭（Michael Pollan）

現在的美國人開啟了一場關於糧食和農業的全國性對話，這是即使短短幾年前也難以想像的。對許多美國人而言，這聽起來像是全新的一場對話，談的是廉價糧食的高昂代價，或是土壤和健康之間的關聯，或是除非有好的農耕，否則一個社會不可能吃得好並維持健康。

不過圍繞糧食和農耕的對話其實從一九七〇年代就開始了，當時還有溫德爾・貝瑞、法蘭西斯・摩爾・拉貝、巴瑞・卡曼諾（Barry Commoner）和瓊・迪・古索等作家書寫相關文章。這四位作家都非常善於觀察點與點之間的關聯，他們對於早期持化約主義的科學（reductive science）非常懷疑，很早就理解生態學的概念，也能夠以生態角度思考：他們能在

漢堡和油價之間看見關聯，或者觀察土壤中的生物活躍度，與植物、動物及人類健康的關係。

我認為一九七一年就開始熱烈討論這些話題了，那年貝瑞一篇文章收在《最後的完整土地》（*The Last Whole Earth Catalog*）一書，介紹了亞伯特・霍華德（Albert Howard）爵士的作品給美國人，貝瑞是一九六四年接觸這位英國農學家的思想後，便深受影響。的確，細察貝瑞關於農業的觀點，絕大部分是霍華德主要想法的延伸發展，如農耕應該師法自然，以森林與草原為模型，而科學、農夫、醫學研究學者需要重新認知「土壤、植物、動物和人類的健康，並視之為一個整體的重大議題。」這是貝瑞作品中最常引用的一句話，而的確也有它的道理，這個正確的觀點顯然（即使是傳統科學家也逐漸認同）能引領我們思考所面臨的各種問題。同樣在一九七一年，拉貝出版《小星球的糧食》（*Diet for a Small Planet*），以現代肉類的生產方式（尤其是以穀類餵食牲口）來解釋全球的飢餓和環境問題。一九七〇年代末，卡曼諾指出工業化的農業陷於能源危機，當食物來自於工業化的食物鏈，我們的飲食其實也消耗了大量的石油；另外，古索也向她的營養師同事解釋，飲食健康的問題必須要連結到農業問題，才能夠從根本上釐清。

這些極為豐富的著作都告訴我們，要了解廉價糧食真正的成本、以及優質農業的價值，要先理解兩個遺憾，一個是個人的，另一個是偏政治性的。首先，作為一個在幾十年後接觸到這些議題的年輕作家，我的想法並不如我以為的具有原創性；其次，我們原本或許可以避免目前面臨的問題，或至少減輕它的影響，但我們的社會卻忽略了警訊，因而陷於目前的困境。

貝瑞在一九七〇年代就預言似地寫到環境危機，那時還不知道氣候變遷，我們願意付出什麼去解消當時的「環境危機」呢？或者以相對較能控制處理的公共衛生問題交換？畢竟當時肥胖和第二型糖尿病都不如現在普遍（多數專家認為肥胖成為流行病是從一九八〇年代初期開始的）。

不過歷史將會證明，我們曾經收到一份邀請，請我們開始以生態角度思考，但我們並沒有接受。當油價回穩，而美國前總統吉米・卡特（Jimmy Carter）搬到喬治亞洲的普萊恩斯（Plains）去過鄉村生活（帶著他的羊毛衫、恆溫調節器和太陽能板），我們就回歸到老樣子了，在商業上和農業上都是如此。一九八〇年代中期，雷根總統（Ronald Reagan）把卡特安裝在白宮屋頂的太陽能板拆了，因此，早期具有生態意識的飲食作家所提出的議題，就這樣被推到國家政治與文化的邊陲地帶。

當我在一九八〇晚期及九〇年代開始書寫關於農業的議題，我很快就發現，曼哈頓沒有一個編輯認為這個主題符合時代意義或是值得花心思，我若是根本不要提農業這個字，光是寫寫食物這類對大眾還有點用或還在意的議題，或許還比較好。不過，奇怪的是，當時我並沒有想到要將糧食和土地做連結，或是連結到農夫所從事的工作。

就是在那段時間，我開始認真讀貝瑞的作品，其實是很熱切地讀，因為我發現自己在菜園中面臨的問題，在他的著作中可以找到務實的答案。那時我開始種一些自己吃的食物，不是在農場種，而是在我位於紐約遠郊的第二棟房子後院。一開始我就發現自己完全沒有準備好要務農，尤其是蟋蟀和雜草給我帶來很多挑戰。由於我非常信服梭羅（Thoreau）和愛默生（Emerson），他們兩位都將雜草誤解為荒野的標誌，而菜園是大自然的衰退，因此我崇尚荒野，並沒有架起圍籬將我的蔬菜和進逼的森林隔開，我想我就不用告訴你那結果有多棒了。梭羅也曾經在華爾騰湖（Walden）濱種豌豆田，不過因為必須保衛作物不受雜草和鳥兒侵擾，和他對大自然的愛相衝突，於是他最後就放棄農耕了。不過梭羅還是說：「如果有兩個選擇，要住在人類工藝極致的美麗花園邊，或是住在荒涼的沼澤地，我必然會選擇後者。」因為這個令人有點不快的聲明，美國的自然書寫都開始背棄農村環境，也因此比起農田和菜園，我們比較擅長於保育荒野，這結果並不令人意外。

梭羅所帶給我的困擾，結果是貝瑞提供了解答，他提供了一座堅實的橋梁，讓我得以跨越美國社會中自然和文化之間的鴻溝。他以農場而非荒野作為主題，他讓我了解我的情況是和自然之間合理的爭吵，就像是愛人之間的爭吵，同時他也指出該如何好好地吵，而不需要搬出大批軍火。他把荒野從外面（籬笆外）的樹林，搬到菜園的土壤、豌豆的綠芽尖端，「荒野」的必備特質不只是保存，也要可以耕作。他指出一條通往自然的道路，我們不再只是旁觀者，而是全然的參與者。

不過顯然問題不僅止於菜園要不要圍籬，我的梭羅困擾其實代表著美國環保主義面對的問題，傳統上它鼓吹讓自然順其自然，而不討論我們可以如何善用它。現在我們終於開始聽到美國的環保主義者和農夫之間展開一場新的、較友好的對話，都市消費者和鄉村的糧食生產者之間也展開了對話，這些對話之所以能夠開啟，很大部分是因為貝瑞曾經這樣說：

> 環保主義者對農耕為什麼應該要有正向的興趣呢？有很多理由，但最簡單的是：環保主義者也要吃飯。如果光是對食物有興趣但不關心糧食生產，是很荒謬的。都市裡的環保主義者可能覺得不關心糧食生產是天經地義，因為他們不是農夫，但沒有這麼簡單，因為他們其實都是透過代理人在耕作，他們有食物可吃是因為，有別人、在某處、以某種方式，代替他們耕作。所以如果環保主義者要為他們的糧食需求負起責任，那就會直接連結到他們先前所提，關於大自然福祉的種種議題。
>
> ——《環保主義者與農業》（*Conservationist and Agrarian*，2002）

我們每個人在農耕當中都有一席之地，在重新思索食物與農耕的過程中，貝瑞的名言「飲食是一種農耕行動」（eating is an agricultural act）有很具代表性的貢獻。參與這場對話的所有人，不論是白宮或農民市集裡的人，都應該對他深懷感激。

麥可．波蘭是書寫糧食與農耕的暢銷作家，著作有《雜食者的兩難》（*The Omnivore's Dilemma*）、《捍衛糧食》（*In Defense of Food*）、《糧食法則》（*Food Rules*），以及最新的《烹飪》（*Cooked*）。他同時也在加州大學柏克萊分校教授新聞學。

原註

＊本文來自麥可．波蘭為貝瑞的著作《端上餐桌：關於農耕與糧食》（*Bringing It to the Table: On Farming and Food*）所寫的導言。

25 消費者開始擁抱「記憶、浪漫、信任」

——弗列德・克申曼（Fred Kirschenmann）

親愛的青年農夫：

千禧世代有越來越多人想投入農耕，你也是其中之一。我非常感激，你在我們最需要的時候出現，就像一份不可思議的禮物。

在過去數十年當中，透過政府的資訊，我們一直以為美國的農夫太多。一九七〇年代，農業部長厄爾・巴茨（Earl Butz）告訴農夫，他們必須要「擴張，不然就改行」，因此美國農場大幅擴張，而農夫的平均年齡也大幅老化。在商品農業（commodity agriculture）中，我們所創造的市場架構是要求農夫只追求單一目標：有效率的極大化生產，以獲得短期的經濟報酬。

因此，我們發現美國三分之一的農地都是六十五歲以上的農夫在耕作，農地的平均成本攀升到最高峰，農夫也被迫專注於一個原則：產量越多越好。

然而下一代呢？年輕的農夫要怎麼取得足夠的土地？很多地區的土地價格都已經飆高，此外還有必須的機具設備，到底要如何持續增加產量以對抗「擴張，不然就改行」的文化呢？即使是在世代營運的農場，準備退休的農夫會希望農場的資產可以支持他們的退休生活，但同時他們的子孫希望可以繼承資產，好讓他們可以投入自己的農耕工作。

另外，越來越多的投資人把眼光從股市轉到農地投資，因為他們認為賭土地比較可靠。於是農地價格自然被推升，青年農夫投入農耕的難度也更高。

好消息是，開始有越來越多例子顯示，當農夫團結合作、為農產加值、打造品牌、降低交易成本，就可以提高農場的收入，為下一代創造更有利的務農環境。這種以價值為基礎的農業中，農夫的平均年齡顯然低很多，表示了在這個產業成長的年輕人並沒有離開，而是留了下來。

想要為人類生產糧食、而不是為大眾市場生產商品的新手農夫，他們營運的規模較小，機具也較小，因此剛邁入農業時也較容易成功。參與農民市集、社區農業、經營線上通路的青年農夫，正在快速增加。

創新的農耕系統通常比較複雜，需要投入較多勞力。不過新的飲食文化也出現，提供新手農夫更多的支援與機會。很多消費者已經捨棄「快速、方便、廉價」，而擁抱「記憶、浪漫、信任」，這個新目標是瑞克・史奈德斯（Rick Schnieders）提出的，他是西斯科（Sysco）*的前任主管也是我在石倉中心的董事夥伴，他提出這個觀點是因為他注意到，越來越多消費者追求可以建立記憶聯結的美味食物，他們希望食物是來自土地的好故事：農場的員工得到什麼待遇？環境怎麼維護？這些農夫是什麼樣的人？這些故事可以增強栽種者和消費者之間的信任，所建立的糧食體系也包含了更多的社區連結，農夫成為地區的食物供給樞紐，並與食物處理商、消費者一起以共同的價值為核心，創建一個糧食體系。

以共同價值為核心的關係，現在已被視為成功事業的關鍵。二〇一一年，麥可・波特（Michael Porter）*和馬克・克萊默（Mark Kramer）在《哈佛商業評論》（*Harvard Business Review*）中提出警告，企業已經無法再用「老套」來經營了，過去將勞力和原物料輸入邊緣

* 西斯科，總部設於美國德州的跨國企業，以食品行銷與配送為主，主要客戶群為餐廳、衛生與教育機構、飯店旅館及其他餐飲業者。
* 麥可・波特（1947-），美國著名管理學家，企業經營策略和競爭力的權威，二十六歲成為哈佛商學院教授，是哈佛史上最年輕的教授。

化、將社會和環境成本外部化，以達到財務回報最大化的做法，已經無法成功。他們指出，勞力和原物料（也就是我們的社會和自然資本）很快將被損害、用盡，因此未來的關鍵是，必須以共同的價值為核心建立新的商業形式。事實上，在食品企業的領域我們已經開始看到轉變，因為客戶的需求改變，美國有些大型食品企業已經開始從提供無抗生素肉類、放養雞的雞蛋和在地農產品慢慢轉變。

這樣的轉變，為像你這樣認真投入，且具有農業生態觀念的新世代年農夫創造了絕佳的新機會。同時這種轉變也需要新的糧食與農業倫理做為基礎。

就是因為父親所教給我的倫理基礎，我這輩子才走上糧食與農業之路。我的父母一九三〇年結婚後開始在北達科塔州（North Dakota）耕作，那一年同時也是大蕭條和黑色風暴事件的開始，對青年農夫而言是一段極為艱困的時期。但我的父親很直覺地了解到，黑色風暴的悲劇並不完全是氣候造成的（他大部分的鄰居都認為氣候是禍首），耕作方式也有影響。一九〇〇年代初期，為了追求量產的利益，土地管理的核心價值被捨棄了，許多土地飽受旱災和暴風的摧殘，我的父親因而積極推廣維護土地的理念。

我很小的時候，父親就開始認真灌輸我土地管理的價值，就因為這種價值觀，後來促成我投入有機農業，以及致力於恢復土壤的健康狀態。

當我們面臨各種挑戰，包括化石燃料、礦產和淡水資源消耗殆盡，以及愈趨不穩定的氣候，我們過去一世紀以來所採行高度依賴資源的工業化農耕系統，顯然必須要改變成可再生、可自行更新並自我管理的農業結構。幸好有很多像你這樣的年輕新手農夫已經開始擁抱這樣的倫理觀念，事實上，這也可能是吸引你投入農耕的原因。

許多具有遠見的前輩，早就了解這些原則的重要本質，包括亞伯特・霍華德爵士、F. H. 金恩（F. H. King）、李博蒂・海德・貝利、奧爾多・李奧波德、威廉・亞伯契特（William Albrecht）、漢斯・傑尼（Hans Jenny）、魏斯・傑克森等等，他們提供了確實有力且具啟發性的倫理原則，為你的工作墊定基石。李奧波德曾給我們很深刻的提醒：土地「不是屬於我們的商品」，而是「我們屬於土地這個共同體」。他也堅持必須提升「土地自行更新的能力」，作為任何土地倫理的核心原則。

要促成文化轉變、開始重視土地健康，並不容易，因為目前的文化重視短期的經濟利益，因而鼓勵有效率的產量最大化。然而長期而言，這種文化的轉變是有可能、也將是必須的，對於農業未來的成功與福祉，至關重要。

我們所有的人，包括農夫、食品企業家、消費者，都必須以飲食公民的身分，一同策動轉變，致力於創造一個可行、永續的糧食體系。這是為了我們自己，以及後代子孫的未來。

歡迎加入！

弗列德・克申曼是石倉食物農業中心的董事長，也是愛荷華州立大學李奧波德永續農業中心（Leopold Center for Sustainable Agriculture）的特聘研究員，同時擔任該大學區域與哲學系的教授。他從一九七〇年代開始經營家族位於北達科塔州南部中區的農場，農場面積一千八百英畝且經有機認證。他著有《培養生態意識：一個農夫哲人的散文集》（*Cultivating an Ecological Conscience: Essays from a Farmer Philosopher*）。

26 你是拯救全人類的唯一希望！

——南西・費爾與傑瑞・勞森（Nancy Vail and Jered Lawson）

親愛的青年農夫：

如果世界上有一個工作是有機會拯救全人類的，那就是你的工作。別有壓力！真的，我們不是開玩笑，但你可能也已經知道了，所以才會讀這本書，因為你想要幫忙解決問題，你想要過有目標的生活，你想要真正的快樂，因為工作做得好而滿足得冒泡。就像詩人瑪爾吉・皮爾西（Marge Piercy, 1936-）*寫的：「水罐吶喊著想要裝水；人吶喊著要做

* 瑪爾吉・皮爾西，美國詩人、小說家、社會運動者。

真實的工作。」

沒有其他工作具有如此深遠的轉化潛能了。你和自己的關係，你和其他人、你和地球的關係，正在分崩離析，並且造成了目前的全球危機，而你的工作，是重建這些關係。

在派牧場（Pie Ranch），我們從健康、正義的角度看待我們的各種關係。你的關係是什麼樣的呢？你有照顧好自己嗎？環境和人類以外的生物也都應該擁有健康、正義嗎？你所存在的社群、其他人又如何？如果你不知道所吃的三明治裡的番茄，跟摘它的佛羅里達農場工人的生活有什麼關連，就比較容易使他受害。

但是你希望做個仁慈的農夫。

這就是令人興奮的地方，感覺算是蠻單純的對嗎？只要開始用健康的方式種植，並種在想食用健康食材、又較難取得的人們附近。搭啦！供應鏈就這樣縮短了，從人到人、人到地都縮短了。這些，你都明白。

那麼，為什麼有成千上萬和你一樣的人，並沒有開展這種「以連結為基礎」的事業呢？耕作是很艱苦的活，糧食的價值被低估了，好土地難尋，早期的建置成本很高，經營一個可以維生的事業並不容易。還有呢，你還得面對企業的貪婪、無知和恐懼。

所以希望在哪裡？「疾疾，護法現身！」希望就在於你願意奉獻自己去開設農場，並且去維護你和各種人之間的關係。最近在石倉中心的青年農夫大會上，有七五%的與會者都是第一代投入農耕、心懷抱負的農夫，這表示我們又重新建立了一個農業文化，不但有傳承下來的知識，還加入了新的價值觀，可以讓農場成為轉變社會的契機。

我們也注意到多數與會者像我們兩個一樣，是白種人。作為希望促成糧食體系能有真正改變的農夫，我們不會忘記白人在物質上曾經如何獲益於——也可能在心靈上受創——被盜竊的土地，和盜竊者。

我們應該要記得，植物並不壞，但是它所生長的土地含有毒素，所以植物吸收了毒素。不要覺得這是個人問題，不過要負起責任來。去除土裡的毒素是可能的，可以種出健康的植物，同樣也可以養育出健康的人類。

我們白皮膚、異性戀、持有土地，並且在資本社會中的非營利組織擔任共同執行董事，我們盡可能運用權力和權利，希望促成改變，但同時不重蹈迫害的覆轍。我們絕對不完美、也會犯錯，但是我們堅信，如果能夠在健康、正義的基礎上培養出一個備受喜愛的社群，那麼就有可能促成轉變。

我們會聆聽不同膚色社群的聲音，我們和其他白人一起努力去除系統性的種族主義。我們家園計畫（HomeSlice）的年輕實習生和其他年輕人一起建立社群，分享我們的栽種計畫和課程：我們的新農夫在學習陽離子交換能力（cation exchange capacity, CEC）*時，同時也學習「關心非裔美人的生活」（#BLM, Black Lives Matter）。我們的長者則組成跨世代的支持網絡，與年輕人分享他們的故事，用愛經營這個組織。我們和阿瑪穆桑部落（Amah Mutsun Tribal Band）締結夥伴關係，從中學習如何結合原住民的土地管理和現在的有機農法。我們也和農業正義計畫（Agricultural Justice Project）合作，在計畫引導下，我們支付員工足以維持生活的薪資。我們也和大公司及公立學校餐廳合作，作出年度輪種的規劃，同時也用牧草畜養牲口，我們因而可以做到碳截存，顯示農場可以協助減緩氣候變遷。我們也透過土地信託及政府單位的合作，而得以和其他農夫用能負擔的價格，取得土地。

請記得，我們都有原住民的根系、故事和傳統，曾經因為急著接近主流的白人文化而把它抹除了，不過在我們的基因裡，這些傳統期盼被轉譯到現代：雙手深入潮濕的土壤中、向水源表達感謝之意、跳舞時伸手去牽住另一隻手。當我們啟動牽引機、聯繫上一位CSA會員、預訂覆蓋作物的種子，在此同時也必須要了解我們的歷史、榮耀祖先，為我們膚色所代表的精神負起責任等等。內在的努力會轉化外在的工作，你的進展和我們共同的進展密不可分。

葛莉絲・李・博格斯（Grace Lee Boggs, 1915-2015）是社會運動者、作家，她曾經說：

「除非你為一個社會負起責任、自視為歸屬於它，並且有責任改變它，否則，你將無法改變這個社會。」

如同《星際大戰》的莉亞公主（Princess Leia）所說：「你是我唯一的希望！」

南西．費爾與傑瑞．勞森是派農場的共同創辦人和董事，派農場位於加州的聖馬刁（San Mateo）海岸，是食物與農業教育中心，透過飲食教育、農夫訓練、區域合作，培育一個從種子到餐桌的健康、公正的食物體系。他們和兩個孩子盧卡斯（Lucas）和羅莎（Rosa）一起住在農場上。

＊陽離子交換能力，係指單位重量土壤所吸附可交換性陽離子的總量。

27 在高中開設相關農業課程很重要

——天寶・葛蘭汀（Temple Grandin）

小時候，我從來沒想過我的事業注定要和農業有關*。

高中時我去了我阿姨在亞利桑納州的牧場，開始對肉牛產生了興趣。一直到十五歲之前我一直是個東部人，但是往西部邁進後，我愛上了那裡。

我接觸過各行各業的人，從和他們的對話中，我才知道高中是引領學生走向成功職涯的關鍵時期。有一位特別的老師，時常向學生推薦物理、農業等多元領域的職業，因為為了讓學生喜歡一個領域到想投入工作，首先需要接觸那個領域。當我還是個無聊又不想念書的高中生時，是科學老師引起了我對於視覺錯覺（optical illusion）的興趣（在一部關於我的HBO電影裡，所拍攝的視覺錯覺室就是我親手打造的）。

幾年後，我開始從事牲口處理設施的設計，因為有視覺錯覺的相關知識，讓我得以思考牲口眼中所見會是什麼。我發現牠們常會停下來看影子，當時從來沒有人想到去了解牲口看到什麼，不過我還真的進到柵欄裡去看看牛的視野。在一九七〇年代，那是很顛覆性的想法。

對於從事農業的人來說，去接觸高中生很重要。在高中安排四健會（4-H）*和美國農耕隊（FFA）的計畫也很重要，像石倉中心所開設的課程，就可以讓學生對與植物、動物互動產生興趣。

我想要感謝曾經協助過我的老師：我的科學老師比爾・卡洛克（Bill Carlock）先生、我阿姨農場上的安・布萊汀（Ann Bredeen），都是引領我走過崎嶇之路、長大成人的心靈導師。

天寶・葛蘭汀是科羅拉多州立大學的動物科學教授，她的著作包括《翻譯動物》（*Animals in Translation*）、《圖像思考》（*Thinking in Pictures*）和《增進動物福祉：實務觀點》（*Improving Animal Welfare: A practical Approach*）。

* 天寶・葛蘭汀是自閉症患者。
* 四健會，4H就是Hand、Head、Health、Heart的簡寫。這種教育強調「手、腦、身、心」的和諧發展。是由美國超過一百所公立大學組成的計畫，提供學童實做的學習課程，內容包含衛生、科學、農業與公民教育等。

28 團隊合作建立於共同的價值觀：「六個H」

——溫蒂・米勒（Wendy Millet）

在肉體、生態和文化上，我們所吃的糧食造就了我們，而糧食在過去五十年來發生了前所未有的迅速、劇烈改變。這些改變對我們的健康、社群和地球影響深遠。隨著現代科學的長足進步，「萬物皆相關聯」這個存在已久的事實昭然若揭，於是，我們過去賴以區分及解釋這個複雜世界的界線，愈趨模糊。

許多概念如：在地／全球、土地／水、思想／直覺、鄉村／城市、政治／食物等，其實用性、描述功能已經不如以往，因為我們發現萬物不可避免地彼此相連，而塵土中看似渺小的微生物，卻可以影響整個地球的氣候。這樣的知識令人充滿力量，同時也令人謙卑，如果萬物都同樣屬於一個複雜的整體，那麼人類既非自然的主人也不是奴隸，我們「就是」自然。

現在，你們這一代比過去要承擔更多的責任，必須建立一個可以與現實共存的糧食體系，這個糧食體系所形塑的未來，必須讓人類的需求與人類的生存保持一致。我希望你之所以投入糧食和自然環境的工作，主要是因為這樣的責任感，就像我當初一樣。未來五十年的農業範圍將更加廣闊，涵蓋土壤、政治、野生動物、社群、安全、營養、氣候、心理學、教育和正義，人類所必須回答的最重要課題是，我們要怎麼面對、維護好我們所居住並代表的自然世界，所以我想和你分享所學，希望能對你的重責大任有所助益。

1. 生產和保育可以相輔相成。即使是主張永續的糧食專業人士，也認為保育和生產說到底就是沒有關聯，最糟就是互斥，這種錯誤的二分法，大大拖累了這兩個領域的進展和創新。我曾經在懷俄明州和蒙大拿州的牧場工作，後來又到了大自然保護協會，在那些年中我了解到，應該以生產或保育為優先的爭辯根本沒用、也沒有必要，因為若是處理得宜，這兩者可以相輔相成。

對於願意觀察的人而言，自然世界解答了一個很現代的問題：「我們要如何同時餵飽世界並維護土地？」生態系是一個巨型的迴圈，其中的反饋呈指數型成長，它已經發展為可以取用太陽能、生成生物質，並餵養生物多樣性極為豐富的動植物，而這些動植物再循環並合成養分，供給更多生物質的成長。這驚人的共生關係已經運作了數億年，一直到人類堅持自然必須遵循我們的法則才中斷。

現今許多農業和保育工作的原則都相當單純，但卻會招致不良後果。以保育來說，目標常常是要把牲口帶離自然環境；農業則是要把自然從牲口身上移除，把我們珍視的土地圍起來，只為人類所用，並且將動物關在工廠式的農場，餵牠們吃抗生素，這種做法破壞了原本動物與土地之間的共生關係，對兩者都造成沒有必要的新問題。

願意超越這種錯誤二分法的人，大好機會正等著你們。我曾經親眼見到，當我們向自然尋求維護土地和餵養社群的方法，所獲得的結果是很驚人的。在湯姆凱特牧場（TomKat Ranch），大群牛羊與牧草地之間的關係，鼓舞了我們。過去，全球的草原上，大群而密集的牛羊遷徙，牠們會吃草、踐踏草，也提供肥料給草，牠們的排泄物餵養著泥土裡的微生物群，最終讓更多的草和泥土得以增長。這種生機盎然的牲口遷徙，對動物和土地的健康極為重要，也是現今的保育和生產所欠缺的。

我們在湯姆凱特牧場所採用的形式，就是模仿這種自然系統，我們會在牧場的範圍內規劃設計牛羊群的遷徙，每年都精心計劃牠們應該在何時、何地吃草，才可以同時達到我們的生產和保育目標。我們經驗豐富的員工和學徒採用對動物最沒壓力的放牧方式，並且以攜帶式的太陽能電圍欄，讓牛羊群停留在每天預定的地點。

這個簡單的改變，對於土地和牲口都有很大的正面影響，我們看著兩者同時變得更好，形成具代表性的正向反饋迴圈，也顯示有健康的生態系存在。在我們進行計畫性放牧的頭三年，我們發現牧場上原生和多年生的草類，有將近十倍的增長，而這些草類有益於水土保持，並且讓牲口在好幾個月當中有更多青草可吃，這些深根系且適應良好的草類，在一年生的進口品種凋萎後，還能持續生長很久。

健康的草地和持續的小規模遷徙，也讓每頭牲口都生長得更好，健康問題逐漸消失，到了春季結束時，我們完全草飼的牲口體重增加了，而且當季的體重增幅已經很接近玉米飼養的牛，同時農場上的野生動物也大幅增加，讓我們很驚奇。保育和生產的雙贏，對我們而言是重要的品質保證，表示我們牧場的管理觀念可行。當我聽說員工在城裡的咖啡館跟人吹噓我們農場上住了幾隻山獅，我想我們是做對了。雖然掠食者對我們的牛群可能造成威脅，但我們也了解健康生態系的重要，而生態系對萬物是一視同仁的。

眾多保育人士也開始了解，可以善用牲口來達成他們的目標。我花很多時間向土地信託、保育組織和有保育想法的地主溝通，告訴他們計畫性放牧可以讓土地重現生機。對初入永續糧食領域的人來說，這種結合保育和生產的模式，是不可思議的豐富領域，很值得開拓。成功的案例越多，就越需要更多有技能、能創新、有前瞻性的管理和規劃專才，協助我們依照自然界充裕而可靠的範例，調整我們的土地和糧食系統。

2. 以多元性管理多元性。與自然合作可能比對抗自然容易，但所面對的挑戰也不可小覷，因為各種問題都無法簡化為單一因素。現代人的心智比較適合處理可清楚定義的問題，也喜歡簡單確實的解決方案。然而複雜的系統並不是這麼回事，與自然一起運作時，我們就必須去發掘要達到想要的結果，有哪些最好的方法。

我的工作要管理牧場，和一個專注於再生農業研究的實驗室，一個訓練暨會展中心，以及一個我們社區裡支持並推廣永續糧食的中心。我每天都和牛仔一起研究如何設計牲口放牧用以截存大氣中的碳、保護野生動物的棲地，發展保育和畜牧的教育計畫，向生物學家請教最新研究，行銷草飼牛肉，並且和員工、合作夥伴一起進行各種計畫。

湯姆凱特牧場教育基金會的目標，是要以永續的方式在使用地（working land）上生產健康的食物，並且激勵其他人也採取行動。這個目標讓我們對工作有一致的願景，但也需要投入許多人力資源。要在這麼多元的群體中協調溝通是個挑戰，因為牛仔和科學家可能連很基本的事都有不同見解，例如會議禮節、兩性在現代的角色等，但建立共識的過程是促成我們成功的最重要元素，也帶給我們最具突破性的點子，尤其在面對未來變化時更加重要。

糧食的未來在於合作而非專業化。管理者和企業家若是能帶領組成複雜的團隊，激發最高質量的表現，那麼將能夠成功創造永續的運作方式，貢獻最高的價值。在湯姆凱特牧場，我們花了很多心思建立組織，讓它能得益於多元性，而非受其拖累。這努力的核心有兩個重要原則：共同的價值，以及對於溝通和合作有清楚的期望。

我了解農業領域一如其他所有領域，任何團隊內的互動都難免有衝突，有時還蠻令人沮喪，但在你剛開始工作時，請記得，討論結果和爭辯目標是不同的。因此我們試著讓大家聚焦在目標和解決方案，並且已經訂出一些價值標準，讓團隊和合作夥伴都有一個完整而確實的基礎，能夠依此一起合作。不論一個人的背景或教育為何，他所提出的想法都會反映他的價值觀，雖然擁有共同的價值觀未必能解決所有的溝通問題，但在複雜的議題上，卻能讓一個多元的群體一起作出決策。而這共同的價值，我們稱之為「六個H」：

快樂的動物（Happy animals）：好好照顧我們的動物，讓牠們過健康、自然、沒有壓力的生活；牠們受傷或生病時，盡量以自然方法處理。

健康的荒野（Healthy wilderness）：好好維護我們的土地，改善養分、碳和水的循環，培育土壤、支持生物多樣性、維持自然永續。

健康的食物（Healthy food）：盡可能生產最健康、最美味的農產，這麼做的同時也是維護土地的健康。

百年事業（Hundred years）：眼光放遠，追求經濟和生態上的永續，將未來的氣候變遷納入考量。

腦袋（Head）：提倡創新、跳脫框架的思考，並且彼此分享成果。

心（Heart）：支持我們的社群，包括學校、機構和人們，敞開心胸並且樂於互助。

建立清楚溝通與合作的框架也非常重要。每個人都有可貢獻之處，不論是創新的解決方案，或只是個能讓我們轉換觀點的簡單問題，都好。要促成這樣的對話、讓所有人都樂於分享與聆聽，尤其是在一個多元的團隊裡，可能很難。我們有一個不成文的策略，叫做「共同規劃，各自執行」，這是為了讓大家對於合作有清楚的認知，也讓負責執行的每個人享有執行的自由。例如，負責土地和牲口的團隊有很大的自主空間，可以依照每日和每季的土地、牛羊群變化，去調整放牧的策略。因此，這個團隊就必須每週召開規劃會議、每月舉行土地評估活動，並且和草飼肉牛經營團隊、保育科學合作夥伴和其他相關者一起商討年度放牧計畫。

這兩個策略並不完美，但它們提供了很有價值及彈性的方法，讓我們能夠善用各種專才和技能。所以，請多接觸各式各樣的人、觀點和工具，把它視為重要的訓練，和成功不可或缺的元素。要懂得傾聽、集思廣益、深入觀點和創新想法，並請記得投資充分的時間和心力去培養有效的合作關係，這一切將會很值得。

3. 選擇解決方案，不是選邊站。「永續」是個很難定義的詞，或許也不應該予以定義，因為做永續規劃時有太多變數要考量，所以期望在不同狀況中達到相似的結果是不智之舉。在這個世界中，唯一不變的就是變化，因此任何事業、農場或個人，只要自稱是永續，就必須善於適應。適應，是演化與生物存續的關鍵，我們也應該應用於事業營運和個人經營上。

因為使命感而投入、與自然共事的我們，必須記得放下人類所習慣的教條。若要創造、經營有利於土地、動物和社群的體系，並維持它的再生力，就必須對各種工具和想法都抱持開放的態度。

我對保育性的畜牧業產生興趣，是在大學的某個夏天，我在懷俄明州的一個牧場工作，那時跟牛仔學到與土地、動物連結的生活方式——一種非常與眾不同的生活方式。雖然我現在工作的牧場在牲口和土壤管理上有不同的做法，但牛仔所教我的，尊敬自然強大而不可預測的變化，讓我與生命、土地密不可分，讓我感到崇高又謙卑。

我心裡謹記著這樣的視野，因為有時候很容易就會譴責和我們所見不同的人。我曾多次理解到，多數的地主和管理者都有一個共同的目標，就是維持土地、動物、人類和組織的健康；尤其在農業層面，我們需要集結眾人最好的工具、觀點和想法。傳統農業可以學習永續農業的全面性觀點，以及周全考量所有的營運成本和獲益；而永續農業可以學習傳統農業的規模和效益。我們必須先撕下我們貼在旁人身上的標籤，並且開啟對話，才能真正敞開心胸傾聽最好的建議。

我們想說服誰，或是想從誰身上學習，就必須使用他的語言，這點很重要。在湯姆凱特牧場，我們發展出一套討論工作的溝通方式：對決策者和保育人士說科學的語言，對牧場經營者和企業家說經濟的語言，對關心飲食的人說營養和動物福祉的語言，針對客戶時，則這三種語言都不可或缺。學習和不同聽眾溝通的過程，不只讓我們更能和各種夥伴合作，也讓我們學得更多新知，進而成為一群善於思考、實作、研究和消費的人。

從多種角度觀察不同重點，好好花時間檢視我們所作的決定和管理方法，也很重要。這種審視可以讓我們發覺可能忽略的機會和挑戰，並且找到先前所不知道的解決方案。例如，湯姆凱特牧場設立了科學計畫，用來記錄並傳遞我們在永續畜牧上的所學，讓決策者和學術界能夠了解。一路走來，也是透過辛勤的記錄和評估，我們才得以成為更優秀的土地與牲口管理者。

***

我希望在你踏上這條精彩旅程的同時，這些分享能讓你獲益良多。作為一個物種，人類目前正在演化的十字路口，這是史上第一次，我們對於地球生態握有主控權。不過相對的，我們同時也是新生的物種，如此巨大的力量在握，我們必須學習如何以負責任的方式使用它，而且要盡快學習。這項任務可能令人生畏，但是我希望這場歷險能帶來豐碩的收穫。永續糧食的未來代表著前所未有的機會，讓創新、身懷技藝、善於觀察而勤奮的人們，能夠迅速跨越過去的障礙，並且對全人類和地球的健康，做出真正恆久的貢獻。

溫蒂．米勒是湯姆凱特牧場教育基金會主席，該會致力於提高健康糧食產量，並激勵更多人採取永續耕作方式。她曾在懷俄明州和蒙大拿州的牧場工作，並且有超過二十年的保育工作經驗，其中包括在大自然保護協會的十二年。她同時擔任西部地主聯盟（Western Landowners Alliance）和加州土地信託委員會（California Council of Land Trusts）董事，並且參與成立蓋洛普創投（Gallop Ventures LLC），提供由馬所引導的領袖計劃（equine-guided leadership programs）。

29 農場就是你的「大老婆」！

——瑪莉-霍威爾・瑪登斯（Mary-Howell Martens）

一九七〇年代，我是長島（Long Island）郊區天真的十幾歲少女，在兒童社區菜園工作，當我開心地向家人宣布想要成為農夫，他們全都嚇壞了。我們家族世代以來，沒有任何一個人當過農夫。那時美食運動（foodie movement）還沒開始，農耕的吸引力遠遠不如現在。真的，我從小住在人口稠密的那紹郡（Nassau County），根本連個農夫都不認識。

但是播種、照料植株，然後收成、食用的歷程，總有些奇蹟的感覺在其中。它如此基本，又是我心中不可或缺的一部分，讓我感覺到前所未有的時間結構和目標。以我的成績，我大可以進醫學院或是攻讀生物學博士，那也是大家所期望的，但是我對摘豌豆或番茄紅了，或是找到埋藏的馬鈴薯寶藏的熱忱或職業使命感，是無與倫比的。種植糧食對我來說極為重要，而且和我認真考慮的任何其他職業完全不同。

四十年後的今天，我已經度過了二十幾年的農耕歲月，我仍然可以感受那興奮、目標和成就感，只不過幻想和天真無知減少了，也明白了更多的現實。

1. 農耕生活很棒，但也是很艱辛的工作。工時長、風險高，並且有許多不可控制的影響因素，獲利也無法預測。另外我也懷疑有沒有任何其他工作，需要如此多樣的技能，根本是集生物學家、機械工、會計、工程師、醫師、氣象學家、電腦科學家和人力資源專家於一身。不過大部分時候，你其實是汗流浹背、灰頭土臉的藍領勞工，在熱到全身無力的七月酷暑、泥濘的四月大雨、刺骨的一月白雪，以及溫暖明亮的五月初春早晨、天空蔚藍的十月下午，都一樣要度過那並不光彩迷人的漫長時光。在夜裡你會輾轉難眠，煩惱著下雨、乾旱，想著房子會不會被風吹壞，雷雨是否會下成冰雹，是否記得關門、牛有沒有跑出去，是否忘記關掉牽引機等等。你也會是第一個看見新生小牛、初長樹苗、日出第一道曙光的人。你會聞到剛翻過的土壤的豐富氣味，堆肥、腐爛的番茄、柴油的氣味。你半夜終於能躺下累到虛脫時，天一破曉卻又要開始工作，美國一天工作八小時的規則對你來說沒有意義，因為工作根本做不完。說到底，農耕並不是一份工作，它是一種生活方式，決定了你生活中的一切。

我還記得跟先生克拉斯（Klaas）剛結婚時的第一個浪漫感恩節。一整天我都在遞扳手和零件給克拉斯（他人在我們那台老收割機下的某處），還要從犁溝的冰水裡撈回掉落的螺絲和工具，只挪出短暫的空檔一起享用家族晚餐。然後晚上那收割機可以運作了，我們就開始收割玉米田，這台大機器像一艘巨船一樣搖晃、轟轟作響，在黑暗中穿越玉米海，在車頭燈的強光下，塵土、玉米外皮和雪花紛飛。當我們看著玉米從螺旋鑽湧進貨車，我們真真切切地感恩這金黃色的收穫。

只要做好準備、睜大雙眼，你的農耕收穫將無比豐碩。

2. 在種植季節要規劃好工作。尤其如果預計工作的時間點天公不作美，事情就會變得複雜，壓力也跟著來。你一開始就要接受現實：理想狀況通常難以企及。

一個有效率的農場經理必須能夠時時見樹又見林，針對流程和時程靈活地做出合理適切的調整，並且在壓力與挫折中保持冷靜。每一天、每一季，你得秉持正面的態度與遠見，對整個農場維持全面的了解。

沒有完美的農場經理，每個人一定都有短處。所有的工作都可以由一個極優秀而過勞的人完成，或者可以依照能力、興趣和需求分攤給所有能夠支援的人。農場上所有的工作都很重要，就如同克拉斯常說的，農場上待完成的工作，就是最重要的工作。

3. 農場上最重要的風險管理資源，就是多樣化。要對抗害蟲、疾病、雜草，因應極端氣候、機具故障、勞工不足、市場起伏，最好的武器就是輪種多樣作物，這也是管理土壤健康、肥沃度和有機質的最佳方法。透過輪種多樣作物，我們從六月到十一月每週都可以栽種和收成，把勞力和機具需求分攤開來，事情容易多了。

但是作物多樣化也有缺點，當你有太多種作物都需要照護、資源，可能就很難給每個「孩子」最適當的安排。不過也可能有機會開啟新的市場，尤其是利潤較高的食品市場，但要針對每個新市場達到品質需求並了解物流細節，是很繁重的工作，也會占用其他作物和工作所需的時間和注意力。

所以在權衡多樣性的益處時，也要考量冷酷的現實面。要事先謹慎評估每個新的機會，才能預測如何安排進既有的營運中。不是所有事都值得做，即使是可以成功、賺錢的機會，如果會危及你滿足現有需求的能力，也必須三思。

4. 農耕是身心必須完全投入的工作，尤其在一年中的某些時段會特別明顯，如果沒有先計畫好，維持個人生活的平衡，你可能會發現農場占據了你所有的生活。顯然農耕生活會限制你如何安排你的家庭、自尊、財務選擇、自我形象、輕重緩急，和你的時間。你如何解讀生死、天候、金錢、時間、糧食、社群、運動和信仰等，也會深受農耕生活的影響。你必須確認另一半或夥伴、家人都完全進入狀況，並且願意誠實評估，是否每個人對生活的平衡都有相同的想法。如果你從事農業而另一半或夥伴並沒有參與，那麼你要了解，你的想法並不見得比他們還正確。

我記得小兒子丹尼爾（Daniel）還在念幼稚園時，某個十一月的星期三，為了慶祝他的生日，我們邀請他的全園師生到我們農場來，坐牽引車、跟動物玩，還在池塘邊吃了營火午餐。那些孩子讓克拉斯用大牽引機載著兜風，丟過期麵包餵豬吃，在營火邊烤棉花糖，開心得不得了。幾週後有個同學的媽媽說，他兒子參加派對回家後，很忌妒「丹尼爾的爸媽整天都在家裡陪他玩」，我大笑不已，因為他的同學們並沒看到漫長的工作與粗活，他們只看到週間的下午，丹尼爾的父母都在家陪伴孩子。

請學習了解、欣賞個體經營者與眾不同的平衡。

5. 農耕可能是不利於人際關係的寂寞工作。和土壤、動物及植物交流，讓人活力充沛、獲得啟發、心靈提升。沒有老闆、不用打卡、工作獨立。踏出門就有晨間清新的空氣，有一整天可以好好規劃和完成工作，覺得自己成熟、充滿機會的感覺棒呆了。

不過一整天一個人都花在牽引機上或田裡，可能也很單調、無聊、孤獨、寂寞。有些人很適合單獨作業，但多數人不適合，他們很快就會懷念同事情誼、有人分散注意力，一起設定工作步調，他們的生產力當然也會下降。在你選擇不適合的農場環境之前，現在就是自我評估的最佳時機。

一年中的大部分時候，你的空閒時間會與其他產業的朋友不同，社交生活經營不易。你的朋友可能很難理解為什麼你不能安排個週末假期。從事社交生活、農場外的活動，或是偶爾度個假，對於維持健康的心態和熱情都很重要，這些說來複雜，但不是不可能。

和另一半或夥伴一起從事漫長、疲累的工作，可能會造成關係緊張，甚至瀕臨關係破裂。不像蘿拉・英格斯・懷德（Laura Ingalls Wilder, 1867-1957）*浪漫的務農生活，現代農耕對婚姻影響頗大。工作繁忙、合作、勞累、財務和季節性的壓力、期望差異、傳統的性別角色，照顧孩子、房子、穀倉等方面的職責分配，都可能為夫妻帶來極大的挑戰，其中的複雜及瑣碎之處是一般都市雙薪夫妻無法理解的。運氣好的話，農場生活也可能讓夫妻或家庭感情更加穩固，因為全家都是為了共同目標而努力，不過農場常扮演「大老婆」的角色，需要投入的時間、資源、金錢、感情非常多。夫妻雙方都應該清楚了解這些情況，必須知道隨之而來的壓力、痛苦，並且有意識地、持續地、積極地把負面影響降到最低。

6. 當你成為農夫，你就會持續學習。農耕工作需要時時學習新知、提升觀察力、調整結論、質疑自己的假設、回頭多讀點書，然後改善作法。這個行業每年都會有新變化，你需要因應氣候變遷、消費者的喜好、新科技而作改變，這會讓你連續好幾個月都在成功與失敗的邊緣，既危險又刺激。

對於適合的人而言，農耕是夢幻工作，可以讓你運用所有的技能，開發你未知的能力，並且提供不斷學習的機會。

在從事有機農法幾年後，我們開始思考要寫一本關於有機穀物生產的權威著作，但是照顧家庭和農場太忙了，所以寫書的事一直擱著，不過也因為這樣，我們發現或許永遠不可能寫得出這本書，我們對知識、理解，甚至成功的定義和選擇的正確性，每年都在改變。我們現在已經認清是不可能寫了，因為每年都有新的挑戰。不過在這過程中我們也了解到，當我們一邊大聲抱怨壓力時，還是日漸茁壯，這得歸因於腎上腺素的刺激和農耕的不可預測性。

生為農家子女，在土地和經驗方面可能占上風，但並不保證他們真心想要耕作，或是非常適合務農。一個缺乏農業背景卻動力十足的年輕人，還是可以學習技能，並且可能有更開放的心胸、較多元的經歷，同時不會有「我們一向都是這樣做的」包袱去阻礙他的創新。

7. 務農者處理金錢的方式截然不同。如果你做的工作是以時薪計酬、每週發一次薪水，

＊蘿拉・英格斯・懷德，美國作家，作品多半以童年時西部開拓故事為題材，最著名的小說是《大草原之家》（*Little House on the Prairie*）。

你的收入就是可預測、可靠的。但是，如果你從事農耕，就完全不是這麼回事了。

作為農夫，你大概不會再依工時得到合理的報酬。你每週的工時會增加，如果你用農場的總收入除以一般人的總工時，你會發現你的時薪遠低於最低基本薪資；如果你有僱用員工，他們的收入總的來說可能比你還多。

作為農夫，你也必須習慣收入不會按時進帳戶，而是在支出已經累積了好幾個月後、到了收成時期，才會慢慢收到款項，這時自我規範和編列預算就非常重要，因為不管你今年收成季節賺了多少，你都要能夠支付一整年的家庭和農場支出，還要加上為明年的作物投入資金。尤其冬天景氣可能較差，所以要預先準備。

你也會開始用不同的觀點看待支出。如果你住在農場上，或許你的交通工具就是農場的卡車，而你的食物大多是自己種的。如果你特別努力，大量種植市場性高的作物，就能增加收入，但若是收成很差或物價下跌，那麼收入也有可能意外暴跌。

多數農場的金錢管理需要仔細計畫、編列預算、自我規範，要足夠成熟也要有點一廂情願。在收穫季節，收入進帳時，不能視為「獲利」，因為有十二個月的開銷會吃掉這筆錢。對一整年都維持生產乳品、雞蛋、溫室作物營運的農場來說，金錢管理較容易，不過他們的開銷也較多，而且冬季可以放假的機會也少得多。

***

你現在是否在想：如果在我嫁給農夫之前就知道這些，我還會選擇這條路嗎？當時年輕的我很理想化，擁有的知識比經驗多太多，很喜歡成為農夫這個想法，同時也很愛我所嫁的那位農夫。

或許要邁入這個新的、高風險的領域，的確需要天真和年輕的熱情。如果早知道所有的風險，誰會一頭栽入呢？我們堅信我們會成功，從來沒有想過失敗的可能，所以就大膽前行，準備好認真工作、享受樂趣、認識有趣的人們，並且種植優質的糧食。我們未曾預期這條路會輕鬆好走，但是我們期望成功。我希望你也一樣。

瑪莉-霍威爾．瑪登斯在紐約州北區經營湖景有機穀物（Lakeview Organic Grain），專營有機飼料和種子，他們的有機乳品和小型動物飼料市場擴及美國東北地區。她也協助丈夫克拉斯和兒子彼特（Peter）耕種一千六百英畝的有機認證穀物。

30 第一道食譜：如何製作堆肥？

——瑞克．貝禮斯（Rick Bayless）

我有位朋友在愛爾蘭經營一間頗受好評的廚藝學校，所訓練出來的主廚可不只會計算食材份量、炒菜或烘焙。我之所以知道這些，是因為他們的第一堂課甚至不在廚房裡，而是在廚房外的大菜園，在這個菜園的一角，她向學員分享她的第一道食譜：如何製作堆肥？

很可惜我們的社會較重視專才而忽略了通才。當然這個世界很複雜，我們越了解它就越發覺它的複雜，即使只是要了解其中的一小部分，也得耗盡一生的時間。不過現在我在生活各方面都能遊刃有餘，我很自得其樂，不論是在爐子上烹調美味，或是坐在電腦前書寫烹飪的過程，這些轉變都是因為我了解到事物之間無不環環相扣：我所烹飪的食材代表著某塊土地在某個時節的特產；而我們在廚房裡對這食材的烹飪，則反映出人類歷史寶庫中的種種細節，包括美感，甚至生理學。

我知道現在的主廚喜歡主張，對於直接來自農場的在地食材，應該做最小程度的烹調。我了解他們想說的是：他們想要向長期以來默默無名、未受關注的農夫表達他們所應得的尊敬。但是，老實說，大部分的主廚在廚房裡根本陽奉陰違。我們是人類，從遠古以來我們就很著迷於廚房的神奇力量，我們會紀念將美好食材轉變為美好餐點的廚師，他們引領我們以全新的方式去了解、欣賞並享受食物。

在這過程中常被忽略的是餐桌的延伸力量。這些美好的食材經過美好的烹調，對餐桌上的人們施展了魔法，我們會發現飲食其實是一種催化劑，以獨特而雋永的方式塑造了不同的群體。

在我芝加哥的餐廳，早在「農場到餐桌」這個詞出現之前，近三十年來我就和農夫建立了良好的關係。我當時就感覺到維繫關係的重要，是因為在我和妻子決定搬到芝加哥之前，我們在墨西哥的一段經歷。墨西哥國內各個以美食聞名的地區，同時也是著名的農產區。我漸漸明白只要有好的農業，自然就會有好食物。托盧卡州（Toluca）所生產的翠綠蔬菜，從市場的玉米餅到精緻的燉煮，處處可見；遍佈瓦哈卡州（Oaxaca）的辣椒田，生產該州著名的墨西哥混醬（mole）的關鍵原料；巴希奧（Bajío）盛產的豆類、玉米，即使只是平凡無奇的食材，也為當地美食帶來豐富的變化和鮮明特色。

我希望我的餐廳能做出很棒的菜色，所以我很清楚必須去發掘當地農夫的好手藝，不過問題是在八〇年代的當時，幾乎找不到在地農家，整個芝加哥市連一個農民市集都沒有。

在我們餐廳剛開業時，從土地到農產、廚房、餐桌的流程，並不透明，但我知道缺少了透明度，夢想就無法實現。我知道我的志業當中，必須加入那些翻土的雙手、收成農產的雙手，讓他們成為我的夥伴；而在餐桌上手拿刀叉的人們，也應該成為我們的夥伴，他們可以理解或是願意去了解，為什麼食物具有如此美味。若要創造出美好的食物，那麼農夫就不應該只是供應商，也不能只把餐廳的顧客當成消費者，而是要手牽手一起向前行。

現在當我回想當初選擇踏上的這條奇妙小徑，至今已經走了多遠——我們提供源於墨西哥區域烹飪的餐點，幾乎完全只使用在地食材——我發現，我們最依賴的農夫，本身也非常喜歡烹飪和品嚐，不僅熱衷於美食，他們也熱切地想知道我們如何轉化他們提供的農產、肉類和穀物。另一方面，我們餐廳裡最棒的廚師和侍者，還會在自家菜園種菜或香料並帶來分享，而且樂於到我們的夥伴農場待上一整天。而最常來光顧的熟客，我們稱為弗朗特拉家族（Frontera family），他們最常進到我們廚房裡來找烹調的小訣竅，或是抓一把少見的香草帶回家煮。

是的，這些人都可以說：「我是農夫」、「我是廚師」或「我是餐廳的顧客」，但事實上，我們都是同一個社群的一份子。

瑞克．貝禮斯是曾獲獎的主廚，並且在芝加哥與人合夥經營餐廳，包括弗朗特拉燒烤（Frontera Grill）、托波羅班波（Topolobampo）和索柯（Xoco）餐廳。他寫了九本暢銷食譜，並主持美國公共電視網（PBS，Public Broadcasting Service）的節目「墨西哥上菜」（Mexico: One Plate at a Time）超過十年。除了詹姆斯．比爾德基金會（James Beard Foundation）的最高榮譽獎項，他也獲頒墨西哥的阿茲提克鷹勳章（Order of the Aztec Eagle），這是頒給非當地人的最高榮譽，表彰他對於該國的重大貢獻。

31 多明尼加農夫改變了我的一生

——丹妮兒．尼倫堡（Danielle Nierenberg）

我並非從小務農，但我成長於一個農耕社區，我生於密蘇里州的迪凡斯（Defiance，意為「反抗」），一個有宏偉名稱的小城鎮，在聖路易市西邊約四十五分鐘車程的地方。

我的父母是都市人，但想在空氣清新的地方撫養孩子，因此我的童年充滿了悠閒的田園風光。我們家有個超大的院子，我媽會把所有裝得進罐子裡的東西都保存起來，我養了兔子、鴨子，還擁有一匹迷你馬，朋友們到現在都還很羨慕我。

我在鄉下孩子堆中成長。我們都在他們爸爸的牽引機或聯合收割機上玩（我知道，這不是農場上最安全的活動），在玉米田間奔跑穿梭，而且推倒站著睡覺的牛（想不到還真有其事）。

其實我對那些活動都不感興趣，我覺得耕作很無聊，老實說我覺得很笨，看不出來有什麼意義。我看著一排又一排的玉米和大豆，只有被困住的感覺。長大以後，我成了環保主義者，我還曾經指責農夫破壞了森林和生物多樣性。

所以我急著離開，發誓永不回頭，當然也永遠不想和農耕扯上關係。我要拯救世界，就像許多充滿理想的二十二歲青年一樣，我加入了和平工作團（Peace Corps）*，被派到多明尼加，偏偏就是這麼巧，我在那裡接觸了很多農夫，他們改變了我的一生。

我是在多明尼加才第一次了解到糧食生產和消費之間的關聯，以及對公共衛生、環境的正面與負面影響。我跟推廣人員一起騎著機車四處去，他向我介紹種植傳統作物的農夫，或是採樹蔭栽種法的咖啡農、養蜂人家，我才終於懂了農耕社群的重要，他們對糧食、營養安全（nutrition security）、環保都有重大影響。雖然不是頓悟，但我慢慢理解了農夫一點也不笨，笨的是我。

我非常感謝那些多明尼加農夫，因為他們我才獲得了美國塔夫茨大學（Tufts University）營養科學與政策學院的碩士學位；因為他們，我找了國際農業的實習，現在還擔任糧食智庫（Food Tank）主席。我工作最棒的部分是可以接觸世界各地的農夫，學習他們的各種創新方式，以對抗氣候變遷、保存生物多樣性、強化土壤、生產更營養的糧食。到目前為止我已經去過六十幾個國家，包括撒哈拉沙漠以南的非洲地區、亞洲和拉丁美洲，並且花了許多時間在田裡和農場上，聆聽並記錄農夫所面臨的挑戰。能夠分享他們的故事，是我人生中莫大的榮耀。

我現在知道，沒有比參與糧食體系還重要的工作了，其中小農生產了全球至少七成的食物。你所做的努力，以及其他五百萬家庭農戶的努力，都正在改變世界人口的飲食方式。我們現在了解到，農夫不只是農夫，你們同時也是商人、企業家、創新發明者、豐富文化傳統的維護者、土地管理者，你們在生態系統上的努力造福了所有的人，值得大家尊敬。

一旦你步入農夫生涯，請理解有些人會輕視你的工作，認為微不足道。但是也請你了解，那些笨孩子終究會長大，並且懂得感激你養育了人類與地球。

丹妮兒・尼倫堡是糧食智庫主席，也是永續農業及糧食議題的專家。她在二〇一三年創立非營利組織糧食智庫，致力於建立一個全球社群，以推廣安全、建康、營養的飲食。

＊和平工作團，由美國甘迺迪總統發起，將受過訓練的志願者送到發展中國家提供技術服務。

32

學習整體管理

——艾倫・沙弗里（Allan Savory）

親愛的克莉絲：

妳的祖父母*託我寫信給妳，他們說我在五十年前幫忙救了他們經營困難的農場，所以也託我協助正要投入農業的妳。我非常樂意幫忙，不過我必須把六十年的經驗濃縮在這封信裡，至少要讓妳有正確的開始。雖然我可以協助妳成功，但是如果其他農夫沒有同步成功，也幫不了妳和妳的家人。因此，我這封信是寫給你們這個千禧世代，我認為美國農業正在轉

原註

＊一個居住在南非卡魯沙漠（Karoo desert）的家族，沙弗里在一九七年代幫助他們採取一種不同的管理方式。

捩點上，而你們是最關鍵的一群人。現在大家可能不覺得是在轉捩點上，但是我向妳保證，歷史會證明一切。

我會從廣義來談，這樣妳可以完全了解千禧世代所面臨的狀況，然後明白妳在自己的農場上可以怎麼做。我先說明，我傳授給妳的，不是我一個人的智慧，而是經過一連串的掙扎，先努力了解現況、再尋找單純而務實的方式，來解決農業上看來幾乎是無解的問題。這些問題不只源於作物的產量，也源於全球的土地、水域所生產的糧食、纖維的總產量。經營漁場、林場、畜養牲口、打獵，都是農業。在全球和美國，農作面積都大約占二〇%，我這麼說是因為聽說妳很喜歡種植，但是妳最好也把一些心思放在牲口上。

大環境令人沮喪，但你們這個世代需要了解它，才能真正了解我們需要的是快速而大幅的改變，否則妳就會落得只能接受小幅、緩慢的改變，而那是沒有用的。我們先來快速瀏覽一下現狀吧。

整體而言，美國的農業是一場災難，製造出最不營養的糧食，卻對環境造成空前的傷害。並且透過教育、政策、美國國際開發總署（USAID）和其他方式，美國正在把這樣的農業推廣至全世界。每年，全球的每一個人口，所造成的土壤侵蝕、劣化，相當於十噸。而在美國，我們正面對一場肥胖等飲食相關疾病的危機，每年造成的死亡人數多過兩次世界大戰的任何一年。每週幾乎都會有新的研究顯示氮汙染、蜜蜂消失、殺蟲劑和除草劑與癌症之間的關聯，以及土壤中的生物消失，這些都造成數千億美元的損失。最近憂思科學家聯盟（Union of Concerned Scientists）發布消息指出，現在工業化、採用化學原料的農業，無疑是無法永續的。雖然企業花了數十億美元打廣告，創造出「只有工業化、化學的農業可以餵飽全球持續成長的人口」的迷思，所幸大眾已經開始有了正確的認知。

在此同時，還伴隨著氣候變遷。最近讀到牛津人類未來研究所（Future of Humanity Institute）的科學家、數學家、哲學家國際團隊所發表的一篇報告，令我非常震驚。他們列出攸關人類存亡的五大危機，但其中並不包括氣候變遷，他們解釋說因為地球的某些區域還是能住人！

由於農業在氣候變遷中所扮演的角色不受重視，我就從基本概念談起。一般認為氣候變遷起因於大氣中的四種汙染源：二氧化碳、甲烷、一氧化氮和黑碳（black carbon）。很不幸地，土壤劣化和沙漠化也會促成氣候變遷。這四種汙染源中，有半數是燃燒化石燃料的副產品，另一半則來自於農業——燃燒草地和樹林，土壤的破壞則是主因，所以即使我們停止使用化石燃料，氣候變遷還是會因為農業而持續存在。

要遏止農業產生汙染源，並逆轉沙漠化，是連科幻小說中想像出來的科技都辦不到的，簡而言之，農業問題其實是生態，或生物的問題。要移除大氣中過量的碳，並且安全地儲存數千年，以海洋已經酸化的現況是不可能的。光是種植樹木、灌木或草地也行不通，因為它們本來就是環境中碳循環的一部分，也就是說，植物雖然吸收並儲存了碳，但也只是暫時的，植物死亡時就沒了。要安全儲存碳長達數千年，而不引發意外的後果，就是儲存在全世界的土壤裡——主要在草地的土壤裡。

如果妳好奇為什麼我說草地的土壤，妳可以想想世界上最棒、最適合種植穀物的地區，都是長久以來生長草地、深厚的、富含碳的土壤。百萬年來大量的食草動物因為掠食者而群聚並遷徙，於是土壤與其產生驚人的協同效應。當草被動物咬食，會形成一股從根系重新生長的能量，並把已經死亡的根系轉為土壤中的有機質；而當葉片再長，根系也會再生，而再生長模式不斷持續就會漸漸將碳推至土壤深處，形成富含碳的土質，這土質目前正遭受工業化的農業破壞。而當樹的葉片掉落，它的根系並不會有同樣的再生模式，因此能夠傳送到土地裡的碳比草地少得多。

多數的現代都市人都已經跟生態現實脫節了，他們不了解少了農業，美國就不會有管弦樂隊、博物館、大學、企業、軍隊、政府、城鎮或城市。到頭來，唯一可以維繫所有國家的資產，是來自於光合作用，來自於再生的土壤上所生長的植物，這應該不像火箭科學那樣難懂。我讀了艾倫・葛林斯潘（Alan Greenspan）的自傳，想看看美國前任聯準會主席對美國的經濟基礎——農業，有什麼見解，結果竟然只有略微提過農業一次！我們正面臨嚴重的生態文盲危機。在氣候變遷的環境下，鄉村地區所遭受的災害會帶來什麼影響，鮮少人知道其實受害最大的將會是都市，除非都市居民盡快覺醒，否則將會遭受重大的災害、暴力和死亡。

現在妳或許了解了你們的世代為什麼需要新的思維、開放的心胸，以及在農業中要以前所未見的方式密切合作。有機、樸門、永續、工業，這些都在驚濤駭浪中的同一條船上，所有的美國人民和妳也都在船上，雖然你們甚至不知道有這艘船的存在，或者並不知道有一場完美風暴逼近。

不過末日的預言已經夠多了，現在新思維正在興起，我對於你們這一代的各種可能作為也備感雀躍。

克莉絲，我知道妳想從事有機農耕，這很好，因為顯然農業必須要奠基在我所說的生物科學上。我們已經知道工業化的農業是奠基於化學藥劑、聰明的行銷科技、大規模的單一作物種植、低營養的速食（多年前我曾經公開說過，比起蘇聯，我們應該更加懼怕美國農業部）。所以妳的方向對了，只不過生態農夫僅占全美國農業的一%。

我希望妳不要落入窠臼，以為我們只需要增加有機種植的作物和草飼的牲口。當文明社會崩解，起因通常可以追溯到環境問題，而且那些古老文明還沒有現今的化石燃料、機械和化學原料呢，當時所有的作物都是有機、所有的牲口都是吃草。請多觀察歷史、了解需要的是真正新的再生農業（regenerative agriculture），這個名詞我是從鮑勃．羅代爾（Bob Rodale）那裡聽來的，他是有機農夫、出版商，他了解到農業必須讓社會、經濟和土壤都重獲新生，因而提出了再生農業這個名詞。

你們這個世代只需要發展這種新再生農業。聽起來可能有點令人卻步，不過讓我借用一下邱吉爾（Winston Churchill）在另一個極度危機時期所說的：「如果有什麼事必須完成，而你所有的專家都說不可能，那麼就把那些專家換掉，然後完成它吧。」

不過問題其實在於關係到龐大的社會、經濟與環境的複雜因素，並沒有所謂的專家。就像請蠟燭專家來開發電燈一樣，現在的專家根本派不上用場。你們這個世代可能因為缺乏農耕經驗而卻步，但是相較於熟悉有機農耕和現代農耕的人，你們也占盡優勢。我曾經跟數千人合作過，從不識字的鄉下人到博士都有，從來沒碰過不具備相關知識的人無法學習的狀況。唯一會阻礙學習的，我也不例外，就是我們現有的知識，以及驕傲和自尊。

你們顯然正在成為有史以來最重要的一個世代，妳的任務是完全重新定義農業，以避免超乎想像的悲劇發生。幸好，你們有兩大優勢：第一，你們缺乏經驗，所以世界上最強大的阻礙——專家的自尊，不會影響你們。第二，調查顯示，與以前相比，現在有更多年輕人想過真正有意義的生活。

發展新農業，幾乎可以保證為你們帶來許多過有意義生活的機會。我為你們興奮，也為數百萬其他年輕家庭興奮，因為他們逐漸了解到他們在土地上是被需要的，並且也了解到農耕可以再度成為收穫豐碩的生活方式。

我這個年紀，已經在候機室了，無法跟妳一起分享農業那令人雀躍的未來，只能將我過去六十年的所學傳承給妳，因為親眼所見真的讓我心驚。過去曾經救了妳祖父母的知識，現在已經有數千名農夫、牧場經營者、牧羊人以及合作的科學家在全球六大洲數百萬英畝上使用，他們透過沙弗里中心（Savory Institute）的在地農業網絡彼此聯繫，我現在把它交給你們。起初是透過畜養牲口來協助復原人為造成的沙漠，現在則演變為沙弗里的整體管理（Holistic Management）方法，採用全面性的架構整合社會、經濟與環境的複雜性，用以縱覽農業的各個面向。凡是採用整體管理之處，都已經證實能夠成功恢復土壤的生命力，透過複製這樣的成功經驗，我們邁向了正確的道路。

整體管理的理論基礎，出自於南非政治家暨哲學家揚・史末資（Jan Smuts, 1870-1950）一九二六年的著作《整體論與演化》（*Holism and Evolution*）。另外，愛因斯坦也曾經說有兩個理論將對人類的未來具有關鍵影響，其一是他提出的相對論，另一個就是史末資的整體論。

雖然整體管理的概念是我發展出來的，其中內涵並非一人可完成。過去數十年來我都是站在巨人的肩膀上學習因應沙漠化以及農業的複雜性，如史末資、奧爾多・李奧波德、亞伯特・霍華德爵士、安德烈・法辛（André Voisin）等生態學家、思想家。一路走來也遇到數千位農夫、牧場經營者、牧羊人、野生動物生物學家、森林管理者、來自於大學及政府部門的人，他們都充滿關懷並且協助我。

一九八〇年代初期，我們已經發展出了整體理論的架構，並且有數千人接受實務訓練及協助推廣。高瞻遠矚的農業部請我訓練兩千位該部職員、贈地大學的職員、世界銀行和美國國際開發署的官員。他們分析了數百個經常性問題的政府政策：旱災、水災、侵略性植物、西部放牧區的沙漠化、沒落的小鄉鎮、瀕臨絕種的物種等，結論是，現有的所有政策和計畫可能都會失敗，而且將帶來意料之外的後果。因為錯誤的政策傷害很大，我鼓勵所有學員認真看待整體架構，包括以沙弗里的整體計畫放牧法（Holistic Planned Grazing）減緩沙漠化，並且去發掘現行的邏輯或科學有沒有瑕疵。他們並沒有發現任何問題，因此又證明我們走對了路。

讓我向妳簡單說明我們如何發展出這個整體架構，因為它點出過去與現在的農業問題中，很簡單的兩個成因：將沙漠化、氣候變遷歸咎於放牧牲口；以及認為在一個整體世界中，管理就是機械化運作的事實。數年前，我發現幾世紀以來累積了許多錯誤，但是眾多聰明智士都可以上太空探索了，所以問題不在農夫或專家缺乏知識，而是系統性的問題。沒錯，就是這樣。

各個時代的農夫，或者應該說所有的人類，都有一種很單純、深植於基因的做事方式：我們是使用工具的物種。除非到最鄰近的河邊去，不然沒有茶杯、馬克杯或水龍頭，我們就連水都沒得喝。我們自認為有數千種工具可以管理我們的環境，不過這些重要的工具只有三種：我們有多樣的科技，從古早的棍棒、石器到現在各種令人驚奇的器械；我們有火；我們有讓環境休養生息的概念，好讓它從傷害中復原，或讓消失的物種復原。就這樣，沒別的了。我們甚至沒有科技設備就不會用水灌溉，就像一定要用杯子才會喝水。就是這樣不斷改良的科技，讓過去的農夫可以種植作物並引水灌溉，所以不難理解為何我們會受到工業化農業的吸引。

但是並沒有任何工具可以預防或逆轉全球及美國嚴重的沙漠化。全球主要土地區域都是在季節性濕季和乾季之間轉換，並且有草皮可以覆蓋土壤，在雨量較少的地區更是如此。在草地地區，土壤裡的生物、植物、大型食草動物和掠食者都共同發展，但是自從人類幾乎殺光大部分野生蹄類動物和掠食者，並且帶來為數較少的豢養動物，沙漠就開始擴張了。

土壤中的生物無法透過前述三種方式再生。即使是科幻小說想像出來的科技，都不能取代全球土地上數十億大型食草動物所扮演的角色，火也不行。而讓土地休息的方法，除了潮濕地區的多年生植物，別無他法。所以我才會在最近一場關於沙漠化的TED*演講中說，我們必須開放心胸接受前所未見的想法，使用飽受詆毀的牲口放牧方法，用整體方式管理，以模仿自然過去運作的方式，創造草地以及豐饒的土壤，我們已別無選擇。現在，數以千計的人正在依此實行。就像歷史上所有違反直覺的科學觀點，這個概念過去五十年來飽受奚落與反對，現在反對的聲音已經日漸消失，因為整體管理的理念已經成為常識。

我在辛巴威的牧場多年，已經復原了土壤、河流，野生動物回來了，作物產量也增加了五倍，都是以牲口為主要工具的成果，未曾用機械設備、化石燃料或化學肥料。我們剛開始施行整體管理時，農場的狀況很糟，不過畜養的牛隻從一百頭慢慢增加到五百頭。在八年的降雨量介於一般到不足之間後，牲口數持續增加到一千頭，追上了土地的生產力：表土和土壤裡的生物都恢復了，植物長得更好、野生動物也回來了。相較於每況愈下的鄰近國家公園，我們的農場一年更勝一年。

我知道這聽起來簡直好得不像話，有些人說我是賣假貨的蛇油小販，但也有許多保育專家了解到整體管理的益處。例如當時大自然保護協會的資深科學家杉佳楊（M. Sanjayan）博士，在美國公共電視網的「地球：新荒野」（Earth: A New Wild）節目中提到：「（沙弗里所傳遞的）訊息極為強大，並且可能是有史以來保育界最棒、最棒的發現。百萬年來，我從來沒有想過牛隻對我所愛的野生動物有這麼大的益處……作為生態學家，我學到的是，人類、特別是他們的牲口，是野生動物的敵人，但是我從非洲到極地，還有在蒙大拿州這裡所見，迫使我重新思考我對於保育的認知。」

在我們小小的工具箱中加入牲口這個工具，現在我們在世界各處，就可以為曾受農業破壞的土壤重新帶來生機。尤其在某些讓土地休息反而會造成嚴重沙漠化，或是年降雨量只有一到二十英吋的地區，特別適合。不過在雨量豐沛、可維持多年濕潤的地區，有些有機農夫未能維護好過往文明所倚賴的土壤，光是增加牲口這個工具是不能解決的，也不能解釋我早期牧場工作所得到的結果。我們所學到的，只是在季節性乾燥的草地上增加一項工具，同樣的做法可能不適用於多年濕潤的環境，因為這個自然環境從來就沒有過大量的食草動物，食

＊TED（Technology, Entertainment, Design），美國的私有非營利機構，常邀請各領域傑出人物作科技、社會、人文等主題的探討講座。演講過程會錄成影片放在網路免費分享。

草的物種以昆蟲為主。在此環境中，讓土地休息才是恢復生機最強大的武器。不過，還少了點什麼。

一樣的，解決方案其實非常簡單。我們不論做什麼，從種玉米、消滅侵略性的雜草、建造水壩、買牙膏或是接受教育，總是會設定目標；政府的政策也會設定目標。一般會認為需要原因或背景架構才能形成目標，而我們的管理目標通常也有背景架構，例如「滿足需求或渴望」、「獲利」、「提高產量」、「提供工作機會」或「正面臨的問題」。

任何沒有考量社會背景或過於簡略的管理目標或行動，就像自走砲，都含有不可預測的因素，很可能造成意料之外的後果，例如沒有理由就點火。在管理組織和農業時，不可能避免社會、環境和經濟的複雜性，我們所管理的一切本身就很複雜，若是將管理行動的背景簡化為要達到某個特定目標或任務，例如需求、渴望、獲利或問題，那麼不論是妳為農場所作的決策，或是政府政策，就都變成了化約式管理了。然而現在即使是由各領域專家組成極具經驗的團隊，也充分了解政策所帶來的社會與環境影響，他們所發展出的政策目標仍然會簡化成針對特定問題，例如有害的雜草、毒品或恐怖主義。數千年來我們都是採用類似的管理方式，相對於文化中的社會、環境與經濟複雜度，我們行動的背景架構太過單純、簡化。我們現有以及過往的大部分悲劇，其背後的系統性因素皆極為簡略。意外的後果太常見了，以至於我們把「始料不及後果定律」（Law of Unintended Consequences）當成幽默的提醒，告訴自己在面對這個世界時要更加謙卑。

有意思的是，社會生物學家瑞貝卡・柯斯塔（Rebecca Costa, 1955-）在著作《巡夜者的不安：思考逃離滅絕之道》（*The Watchman's Rattle: Thinking Our Way Out of Extinction*）中寫道，過去的文明之所以衰落，不光是因為農業問題，也因為在人口成長、環境惡化之下，整體社會無法因應伴隨而來的複雜性，於是他們求助於信仰、獻祭，而把問題擱置給未來世代解決。這聽起來是否蠻耳熟的？

我們最困難的工作，就是在管理上發展出一套包羅萬象的整體架構，作為滿足需求及渴望、獲利或是面對問題的背景。這個新概念是先前科學、哲學或信仰的任何分支都沒發現的。妳可能在想「整體架構」是什麼意思，以下是我評估農場活動或政策時，想像我是這個社群的一份子，而採取的比較概括性的整體架構：

我們希望有穩固的家庭，過著平靜的生活，在繁榮發展、安全有保障的同時，也能自由追求心靈或宗教信仰。我們希望有充足、營養的食物和潔淨的水源，優質的教育和衛生，同時平衡與家人、朋友及社群相處的時間，還能夠進行文化等休閒活動。以上這些，要確保能世代傳承，要奠基在可再生的土壤與生物多樣的社群上，在地球的土地、河川、湖泊與海洋中。

像這樣採取整體架構，而不單看特定需求、渴望或問題，就會得出不同的結論。

我想妳會認同大部分的人都想要那樣的生活，連結到承載生命的大環境。不過我們時常因為各自不同的目標缺乏整體架構，而彼此辯論、鬥爭或殘害。事實上，只要不讓自己現有的知識和自我意識阻礙了學習能力，我們在幾天內就可以學會在任何農場、政策或情境，衡量其複雜性而作出決策。

我先前提過，有數千名農業部和其他單位的官員，已經成功透過整體架構分析政策。但是仍然有些學者無法接受運用牲口改善沙漠化的想法，因此毫無作為。在那之後，我花了三十年的時間研究，為什麼社會的改變如此緩慢，而原因就是，掌控我們言行舉止的，幾乎都是反映社會主流觀點的組織或機構；當出現了有違常理的新資訊，若是社會觀點沒有大幅改變，主流機構也不會改變。埃瑞克・艾許比（Eric Ashby, 1918-2003）以英國和美國過去兩百年來的歷史為案例，研究社會接受新知識的過程。他發現在民主社會中，只有民間的基層群眾有所改變，新的知識才能被接受。所以，不要指望大學、企業、組織能夠領導知識變革，因為變革來自於一般人。

我這麼說是想點出，你們千禧世代的農夫不應該浪費精力，去對抗、批判，或試圖改變那些支持工業化農業的企業、大學、農業部或農業組織，妳必須專心致志於改變大眾輿論。就是這樣。

因為戰場在大眾輿論，而不在企業董事會、政治黨派或是華府，妳必須知道可以影響輿論的領袖，是獨立作家、部落客、藝術家、電影製作人、和演講者，請妳跟他們合作，因為只有當社會大眾具備足夠的資訊，才能推倒「柏林圍牆」。這座圍牆的一邊，是奠基於化學藥劑與科技行銷的主流農業，另一邊是奠基於生物科學的再生農業，它之所以形成，是因為農業企業用骯髒錢去影響政客、大學、研究單位、法律規範及農業政策，因而形成不健康的合作關係。

你們千禧世代的農夫必須要證明，可以生產更營養的糧食，同時也為土壤重新帶來生機，你們必須提供真實而有說服力的證明，並且把資訊傳遞給美國的所有家庭。艾瑞克・施羅瑟（Eric Schlosser, 1959-）所寫的《快餐帝國》（*Fast Food Nation*）一書、後來由李察・林克雷特（Richard Linklater, 1960-）所拍攝的同名電影，以及像羅伯・沃夫（Robb Wolf）這樣的作家及演講者，都努力提醒社會大眾，工業化農業中有其社會、健康、環境及經濟成本。

溫德爾・貝瑞、亞伯特・霍華德爵士、安德烈・法辛等作家已經為這論述打下科學與哲學基礎，接續的新生代作家包括茱蒂・史瓦茲（Judy Schwartz）、妮可列特・漢・尼曼（Nicolette Hahn Niman）、約翰・富勒頓（John Fullerton）；演講者如蓋比・布朗（Gabe Brown）、柯林・賽斯（Colin Seis）、傑森・朗翠（Jason Rowntree），還有許多人也都投入宣導土壤、健康與經濟之間密不可分的關係，以及其中的科學知識。

現在來看看妳今天、明天，以及妳接下來有意義的人生中可以怎麼做。當我遇到妳這樣的情況，我會停下來問自己：我會怎麼做？

首先，我會為家人建立穩固的經營基礎，而要讓我的農場能夠真正獲利（同時也要能夠維持土壤的生機），我會採取整體管理架構，以及為農業所開發、以永續資產為基礎的整體財務規劃。一九八〇年代，俄亥俄州立大學的戴伯・史汀納（Deb Stinner）和同事進行研究，針對美國早期採取整體管理的農夫，發現他們的平均獲利比其他農夫高出三〇〇%。在大約同期，全美國有約六十萬農夫破產，並且在農場的致死原因中，自殺占比最高。透過參考書、操作手冊，以及沙弗里中心網站（savory.global）上的自學數位教材，妳可以立即學習整體財務規劃。

整體計畫放牧，就是結合牲口與作物的生產，以便用最有效率的方式使土壤再生，才能因應妳農場上的各種複雜狀況。現在很流行的輪種或是大量放牧，在濕潤地區可以達到不錯的結果，不過在大型牧場和公共土地上，尤其是在雨量較低的地區，就容易造成沙漠化。

我會加入為數越來越多的再生農法農夫，一起學習並尋找導師，例如蓋比・布朗、威爾・哈里斯、喬爾・薩拉汀這樣的農夫，他們都展示無可辯駁的成果，透過結合牲口和作物生產，不但促使土壤再生，每英畝所能生產的營養糧食數量，也是工業化農法難望其項背的。

我會參加工作坊和會議，以接觸伊蓮・英格涵（Elaine Ingham）和克莉絲汀・瓊斯（Christine Jones）等的土壤科學家，從他們的研究中，學習土壤所蘊含的生物複雜性。在這些場合妳也會遇到越來越多優秀的作家和演講者，他們能夠從土壤的生命力，連結到國家的健康與繁榮。

我會和其他農夫，以及那些一面開發市場、一面透過食物來教育都市家庭的人合作。尤其，因為政治與經濟的影響力已經從鄉村地區移往都市，所以我不會光是向鄉村農夫宣導，也會將再生農業的訊息帶到都市。就像羅伯・沃夫已經做得很好的，向有健康概念的餐廳、食品店舖和健身中心做推廣，藉以接觸到多數的都市居民。

即使你們這些僅占全美國農業一％的有機農夫不斷進步，並且在二十年內把從業人數比例提高到十五％，當政府在制定政策時，你們還是說不上話，而若是政策缺乏整體觀點，那就完了。我們需要提供民眾更多資訊，讓他們能夠堅持一致的觀點，這樣才能創造公平的環境，讓我們得以逆轉情勢。政策的發展必須有整體性，是大眾輿論應該一致秉持的觀念，這樣每位理智的美國人將可以提出一致的需求，而農業作為文明的基礎，不應受政治影響，這是任何科學家或政客都不能反駁的。若是維持現狀，專家孤立而封閉、加上來自遊說團體的壓力，以及企業和政治習慣於簡化的做法，後果將難以想像。如果我們改採整體式思考，不但土地將得以重獲生機，美國政府也將不再把瑕疵的政策和美國國際開發署的計畫，強行推廣至其他國家，進而可以節省數兆美元的支出，以及拯救數十億人的生命。

克莉絲，希望以上分享對妳有所助益。我的妻子茱蒂（Jody）和我都愛妳，希望未來有機會見到妳的丈夫，並且在妳的餐桌上享用美好而營養的食物。

誠摯的艾倫

艾倫・沙弗里出生於辛巴威，曾經是野生動物生物學家、農夫和政治家。他在一九六〇年代潛心研究世界草地生態的劣化和沙漠化，並且在理解其成因方面達到重大突破，他在全球四大洲與農夫合作，一起發展永續的解決方案。二〇〇九年，他在美國科羅拉多州的波德市（Boulder）共同成立了沙弗里中心，推廣整體管理以大規模復原全球的草地生態。二〇〇三年，他因「對全球環境貢獻卓著」，而獲頒澳洲的班克夏國際獎（International Banksia Award），並在二〇一〇年因「具有解決人類最緊迫議題的重要能力」，而獲頒巴克敏斯特·富勒獎（Buckminster Fuller Challenge）。

33

農場的存在以及農耕方式，都在表達你的政治立場

——瑪莉翁・內斯特（Marion Nestle）

恭喜你，選擇了一個在社會、哲學、道德和倫理上，都能達到滿足的職業，希望在經濟上也是如此。比起為自己、親友或他人種植食物，同時促進人類健康、保護環境，我們社會中很少有其他職業可以讓你獲得同樣的驕傲、快樂，以及單純的樂趣。

當然，重點是如何靠所愛的職業維生。這本書的其他作者一定會分享很多如何取得土地、機具設備、種子、牲口和人力的訊息來幫助你展開志業，並且讓產品達到可以開始銷售的水準。他們也會告訴你涵養水土、公平對待員工的重要，以及採用對動植物健康有益的方式來生產食物。

不過我要談的是其他事：你這份工作的政治面。

在選擇永續農耕的同時，你也表明了對美國工業化農業體系抱持批評的態度，等於是賞了它一巴掌；而把牲口關在飼育場、不採用有害化學藥劑種植作物，你等於提醒了工業化農耕對土地、動物和人類的傷害。不論你是否這樣想，你農場的存在以及耕作方式，都在表達你的政治立場。

在你學習各種知識、技能的同時，你也必須學習如何參與政治體系。政治是團隊運動，你無法獨自行動。你可能需要找機會和其他農夫一起參與合作社、工會俱樂部、商會等，或是致力於集結眾人之力的社團；也可以參與社區或全國性組織，讓你的需求和觀點可以傳達給地方政府及州政府；你會需要知道國會議員的名字，去拜訪他們的幕僚，運用你的知識和技能，打電話或寫信，讓他們知道你認為他們應該採取某些行動，或是中止會讓你處境更困難的法律或規定。

在你的長期策略中，若要提升你的耕作方式、增加欣賞你的客戶、提高你農產的銷售，那麼你需要成為美國農業法案（Farm Bill）*的專家，或至少要了解與你工作直接相關的部分。這個法案約每五年修訂一次，每次都引起你能想得到的相關企業（不論是受法案正面或負面影響）的大動作遊說。你，或是可以代表你的權益的團體，也必須參與這個過程，現在聯邦政府資助有機農業及其他替代方案的研究和推廣，資金雖然不多，但都是你的農夫夥伴們竭盡所能爭取來的。

如果你採行永續農耕，就定義上來說你也是個農業行動派，親手揮汗建立健康而永續的糧食體系，你可能不覺得自己是行動主義者，但反正別人會這樣看你，你不妨就這樣做吧，在你的日常工作和長期計畫中，去推廣你所希望創建的糧食體系。

如果你不做的話，誰會做呢？

我祝你擁有全世界的勇氣，來面對這個挑戰。

瑪莉翁·內斯特是紐約大學的營養、飲食研究與公共衛生教授，她的教學範圍廣泛，包括糧食政策和推廣，並且有數本著作獲獎，主題多為糧食與營養的政治，最近一本著作為《汽水政治：向汽水產業宣戰（並且獲勝）》（*Soda Politics: Taking on Big Soda (and Winning)*）。

＊美國農業法案始於一九三三年，約五年修訂一次，最近效期為二〇一四至二〇一八年，內容包含商品、貿易、鄉村發展、農業信貸、保育、研究、食物與營養等。

34 一個財務穩固的農場，才能維持活力

——理查・魏斯沃（Richard Wiswall）

我不確定我是幾歲開始想要成為農夫的，不過應該是在童年的某個時候。我和哥哥小時候很喜歡自己種菜和任何獨立生活的技能，每一期的《大地之母》雜誌（*Mother Earth News*）都仔細研讀，當時在紐約州長島鄉下的家附近，有臨時的窯、熔鐵爐、蝸牛誘捕器、堡壘等，我們也嘗試做了很多東西，例如在臥室釀酒，結果酒瓶爆開，還滲到樓下飯廳，把牆壁都弄髒了，有很多類似印象深刻的事。

我後來到佛蒙特（**Vermont**）唸大學，部分是因為那裡的環境和回歸土地的文化。大三的一個學期我到尼泊爾去，住在加德滿都山谷裡一個自給自足的農家，然後騎一小時的單車到市區去上語言文化課。那時到喜馬拉雅山區健行，還有期末報告寫了綠色革命的影響，都成

為我人生的重要關鍵點。

後來回到大學，讀了溫德爾・貝瑞寫的《美國的不安》，這對於我成為農夫的選擇也有重大影響。其他幾本書，例如《小星球的糧食》、《激進的農業》（*Radical Agriculture*）、《過好生活》（*Living the Good Life*）、《增長的極限》（*Limits to Growth*），都持續形塑我的想法。在海倫和史考特・奈林來學校演講後不久，我的指導教授就找我去他的農場幫忙，他讓我駕駛法莫C（Farmall C）型號的牽引機翻土，就這樣，我就上癮了。

畢業後，我很幸運有機會合資買下佛蒙特州東蒙貝里耶（East Montpelier）的凱特農場（Cate Farm），當時高達德學院（Goddard College）因財務困難而出售農場，我就和四位朋友一起集資買了，雖然我的所有權只占五％，但那至少讓我不需要巨額貸款就能擁有自己的農場事業。

我腦中充滿各種點子、精力，熱情充沛，但經驗和知識不足，我以前是種過菜，但那時只有一小塊地。在好朋友的諸多幫忙之下，第一年我是採亂槍打鳥方式，做了很多不同的事，每種都嘗試一點，然後看看有沒有中靶的。像是綠甘藍菜就種了八個品種，這可能有點太超過，尤其我們同時還種了其他四十種蔬菜，另外還養雞、兔子、豬、蜜蜂、火雞、鵝和鴨。我那時到底在想什麼啊？那是三十五年前的事了。有點後見之明總是好的。

雖然每天工時很長，學習曲線也起起伏伏，我還清楚記得當初覺得在農耕上，沒有什麼不可能的事。如果發現蘆筍有利基市場，我就會種個一英畝；一九八六年車諾比核災事件時，義大利菊苣的價格飆升三倍，我就改種菊苣（這兩件事真的發生過）。像這樣的邏輯造成了很多投機行為，有些人成功了，但是很多人失敗收場。

後來，我的理想主義還是必須面對經濟的現實，因為工時很長和財務報酬很少，加上我當時很喜歡嘗試新的機會，我開始發現不可能兼顧所有的事，光是靠分類管理，農場是能夠左支右絀地運作，但情況總是令人不滿意。錢和時間永遠不夠，而為了成功，我又投入更多時間。非改變不可了。

理想中，農夫應該可以有足夠的收入支持自己的生活，並且有時間可以陪伴家人和休閒，聽起來蠻合理的。耕作的確是很棒的生活方式，農夫喜歡他們的工作也有很多原因，像是可以在戶外工作、獨立自主、播下種子之後可以感動於植物的成長，以及照顧動物、依自然的韻律工作等。能夠在土地上工作、為社會生產營養健康的食物而感到滿足，還有什麼更好的選擇呢？我覺得不多。

但是當財務收支無法平衡，那麼農夫（包括我也是）就會愧疚於自我剝削的感覺。農夫就像企業家，因為極為認同自己的工作，會為了成功盡其所能，包括工時越來越長、犧牲家人和休閒的時間、為了不浪費寶貴的白天時間而在夜晚記帳。因為覺得工作深具意義，所以他們再辛苦也要挺住、繼續堅持，但是，萬事萬物皆有極限。

可以確定的是，所有人一天都只有二十四小時。其中有些時間是要睡覺、吃飯、和家人互動、做家事，還有部分時間是要工作。工作時間是有限的資源，到某個程度就會瀕臨最大極限。

有一年春天，我們農場人手不足時，我和妻子算了一下我們的工時，才發現我們每人每週都工作八十小時，這是實際在農場上工作的時間，不包括吃飯和休息。雖然我們可以維持一陣子，但不可能一直硬撐下去，吃飯總是很快很簡單或是有時沒吃，洗衣、打掃的家務久久才做一次，根本就沒有時間休閒，家人和朋友也放一邊。

那年春天之所以能夠堅持下來，完全是因為那一週八十小時的工作只維持一段時間，同時我們也知道過後將會有多一些自由時間可以彌補。

我可以給你的睿智建議就是：「不要學我做，照我說的就好。」我要說的是，工時很容易越拖越長，到為時已晚才驚覺，若是每周工作六十、七十或八十小時，可能會累壞了，甚至可能就放棄耕作，這可不是你當初投入農業的初衷，所以必須要維持工作和工作以外的生活平衡。現在想起來，我和妻子當初若是僱用兩個幫手會好得多，在每周工時七十或八十小時的時候也一樣，應該僱用幫手。

多數農夫會認為「我沒有錢或是沒有足夠的現金流可以付員工薪水」，但是請想想，如果你的農場收入不夠付員工薪水，那你怎麼付自己的薪水？

如果所謂的缺錢指的是，因為農業常需要預支，要銷售後才有收入進帳，這種暫時的現金不足，可以透過短期的資金借款來補足缺口；如果不是現金流的問題，那就比較麻煩了。如果在銷售收入扣除支出之後，你的農場並沒有足夠的盈餘，那要怎麼再增加僱用員工的開銷呢？

所謂有獲利的農場，是在一年的銷售收入扣除支出之後還有多餘的錢，你基本的生活所需，包括食、衣、住，都需要這筆盈餘；最好是還有更多的錢可以儲蓄或是娛樂，或者再投資於農場，尤其是要擴張規模或增添設施時會特別需要。

農夫可能會在年底時看著收支表說：「雖然沒有很棒，但我至少不用通勤去上班、付小孩的安親班費用、或是買上班穿的漂亮衣服。」可能真的是這樣沒錯，不過這其實也是在一年的辛勞和負擔風險之後，覺得報酬不如預期，而作出的合理化解釋。

農夫可以採用一般較容易理解的指標來計算工作上的投入，也就是計算時薪。我們對自己每小時應該賺多少錢都有大概的概念，例如假設你不是農夫，你是木匠、景觀設計師或餐聽侍者，那麼時薪就會是十五或二十美元。

請你花個一分鐘想想，你覺得自己應該時薪多少，或是能拿得到多少？不要落入「窮苦農民」的思維，覺得農夫就是賺不了錢。你想要賺多少呢？

現在，看看你的年度收支，收入減去支出後，除以你在農場上的總工作時數。以一個朝九晚五的工作而言，每週工時四十小時、每年約有五十週，因此一個一般全職的工作，一年總計有二千小時的工時。若是時薪十美元，那麼一年的總收入就是二萬美元；若時薪十五美元，則年收入就是三萬美元。

但農夫的工時並非平均分配，從四月到十月，常會一週工作六十小時；到了十一、十二月，工作量會減少到一週三十小時；而在一到三月較寒冷的期間，則可能是每週二十小時。這樣算起來，一個農夫一整年的工時是二千三百六十小時，比朝九晚五上班族的二千小時多一些。

所以如果你的農場一年淨賺二萬三千六百美元，那就是平均時薪十美元。這樣是好還是壞？由你自己決定，這沒有固定答案，時薪只不過是一個大多數人容易理解的參考值。

如果你的答案是：「我不需要很多錢，我正在做我喜歡的事，而耕作本來就是這樣。」那麼我的回應會是：「如果你接受工作不需要有金錢回報，那就來為我工作吧！」我們都需要重視自己和時間的價值，工時是有限的，要善用它。

在農場的預算規劃中，勞力成本通常占比很大，這不見得是壞事，農耕是勞力密集的事業，即使勞力是你農場上最大的開銷，只要勞力的使用有效果也有效率，就不需要刪減，不然你還想把錢花到哪裡去？你寧可把錢花在跟你住同個社區、支持在地產業的人們，或是付給某個遠方的企業？不要誤以為因為勞力成本龐大，就必須支付給員工低於標準的薪資，或乾脆就維持勞力不足，你只需要確保你的事業經營有足夠獲利，能夠支付勞力成本就好。

從零開始建立的農場事業，可是有一大堆工作要做，再怎麼粉飾美化都無法掩蓋事實。學習曲線起伏不定，要提升本領、維持穩定的高度（cruising altitude），需要毅力、努力和動腦思考。

多年來，我都是先行動再思考，加上我總是想要一下子做所有的事，結果弄得忙亂不堪。回首過去，也因為認識一些剛起步的農夫，我有一些建議：

1. 好的商務規劃對一個農場的成敗極為重要。最終，我們都必須要追求環境、社會和財務永續。你可以非常善於種植、行銷、創新，不過如果你的農場財務困難，那麼這些都是白搭。農夫通常厭惡商務管理，面對財務就想挖個洞把頭埋進去，當作沒看到。請你要認真管理你的事業，而不光是埋頭苦幹，有強健的財務和計畫，才能在市場價格下跌或極端氣候等意料之外的挑戰下，維持營運的穩定性。

2. 先想清楚再行動。不論是不是在做商業規劃，都請你花點時間寫下你的計畫和目標：你想要種什麼或養什麼？誰會向你買？你要怎麼行銷？農場的淨收入和支出是多少？剛起步需要多少資金？這些創業的費用需要多久可以回本？接著要分析暢銷商品的成本和優勢，好決定如何用聰明的方式理財；有任何農場經營的點子就先隨手記在信封背面。先從單純的開始：在每個經營項目上先抓出大概的收支，例如，你的牲口的售價，是否足以支付購買幼仔、飼料、設備以及勞工的費用？你有沒有足夠的錢可以支付自己（或員工）足夠生活的薪資，並且還有一些餘裕可以因應不時之需？

3. 剛開始不要做太多。或許農夫基因裡的天性使然，習慣一次做很多事，還想要每樣都做得好。再說一次，請先思考整個農場的大方向，你還有明年、後年的時間去擴展。

4. 學習商務經營。不論你怎麼想，你的農場就是個事業，所以你需要具備財務知識，了解資產負債表、損益表和預估現金流。請透過農場、商業組織或網路的課程和工作坊學習，有很多地方都可以學到行銷和管理。雖然你耕作的動力來源很少是農場的經營層面，但它和其他層面一樣重要，也是你成功與否的關鍵。

5. 合作思維。請去認識鄰近的農夫，並且努力建立起雙贏的關係；不要招惹其他在地的農夫，人生太短了，不值得把心力花在跟鄰居、同儕和同事鬧得不愉快，而應該透過分享知識、團購、集體行銷，互相幫助。

6. 檢視自己內心的動機。你為什麼喜歡耕種？因為可以運用土地？因為可以自己當老闆？想要自給自足？想要為自己和社區種出優質的食物？當你內心的渴望定義得越清楚，你就越可能達成目標；相反地，你如果不知道自己想要什麼，那當然也很難達到。所以說，練習設定目標是不錯的第一步。

努力自然會帶來收穫，包括成就感、能夠從事生產並達到遠大目標的滿足。我和多數人一樣，喜歡努力工作，而在這個世界上也是需要工作才能生活。不過農場上的工作可能無止無盡，待辦事項不斷增加，而為了成功，我們會努力想把所有事做完。

想讓自己的農場成功是很自然的，而從事所愛的活動，會感覺比較不像工作，但是也要注意，如果工作太拚，可能會讓你的生活出問題，甚至於累到影響健康。要聚焦在整體方向，例如寫出我的人生使命，有助於專注：我的維生方式，就是為社區種植健康、營養的食物，採用永續環保的方式與自然合作，以創造一個健康的世界。

好好留意農場生活的各個層面，包括經營面，你會有收穫的。一個經營成功的農場可以維持穩健的收支，支付農夫和勞工不錯的薪水，也有錢可以再投資於農場，並且備妥不時之需。一個財務穩固的農場，才能維持活力。

我誠摯地希望你的農場可以在各方面都如你所期望。耕種愉快！

理查・魏斯沃從一九八一年起就在佛蒙特州東蒙貝里耶的凱特農場耕作，他種植經過有機認證的蔬菜、香料植物和花卉，他喜歡幫助其他農場改善經營，也寫了一本書《有機農夫的營運手冊》（*The Organic Farmer's Business Handbook*）。

35

找到可以同舟共濟的夥伴

——尼可拉斯・簡梅特（Nicolas Jammet）

親愛的青年農夫：

我們是一個團隊，將要一起建立一個新的糧食體系。要促成這樣的轉變，需要先有新的思維模式，並以此為基礎提升人類與土地的健康。要影響我們的糧食體系需要勇氣，要重新塑造體系的基礎，需要更大的勇氣。你要相信自己，並且帶領我們前往大多數人無法預見的未來。

如果你覺得一路上孤立無援，不要擔心，你並不孤單。這個新世代的糧食體系，包括了消費者、廚師、生產者、企業家與思想領袖，不過這個體系的核心是你——農夫，你是播下改變的種子的人。

你要知道，你可以發表見解，是這場變革中最重要的聲音。你傾聽土地、為土地發聲，但是你也需要夥伴，和糧食領域的夥伴一起合作，共同建立可以支持轉變的事業。我們可以重新塑造人們的飲食，以及他們想要的生活，一起改變糧食體系。

雖然糧食的工業化與商品化已經對我們的健康和環境造成負面影響，但我們正處於典範轉移的時刻。我們很幸運身在世界糧食正在轉變的當下，並且成為推動改變的力量。消費者已經開始了解他們的食物，並且要求提高品質、生產透明化。我們的糧食與我們的健康之間的連結越來越明顯，農場與餐桌之間的連結也一樣。這個連結的起點，就是你農場的土壤。作為下一世代的農夫，全國人口的健康就掌握在你手中、你的農田裡。

企業家與農夫的未來必須互相維繫，才能創建真正永續的糧食體系。九年前，我們創立甜綠餐廳（sweetgreen），希望可以改變人們對食物的想法，並對糧食體系帶來正面影響。我們認為，我們每天對於吃什麼、食物的來源、製作過程等的選擇，對於個人、社會和整個地球的健康影響深遠，而其中所強調的糧食及產地，被現代糧食經濟晾在一邊。現在，我們是新糧食體系中的一環，只有當農夫的網絡擴張、事業蒸蒸日上，我們也才得以蓬勃發展。

你們這群新世代的農夫，應該知道你們在新時代不缺夥伴。這國家的每位青年農夫，都可以找到具有同樣價值觀的年輕企業家、廚師或消費者。當我們可以連結起來，就可以強化我們的糧食體系、將資源投注在土壤，並且維持體系繼續運作。

我建議你在這場新變革中找到你的夥伴，和消費者、廚師及企業家建立關係。要找可以每天和你並肩奮鬥，風雨同舟、陷入低潮時也不離不棄的夥伴；你們將一起重新思考所種植的糧食，以及為何而種。你的事業不應該以消費者的需求為中心，而應該栽種有益於農場、土壤及消費者健康的作物，同時也考量你身處的地區、氣候環境，讓土地來主導。如果你和志同道合的人或企業合作，你們將能夠為新的食物創造需求，並且提供給消費者更永續的飲食選擇。

這些夥伴是存在的，而且未來會持續增加。合作將為雙方帶來極大的價值，並且進一步提升糧食體系。我們所建立的每個連結，都可以強化新的糧食種植、飲食、思考方式，而這些都不是一個人能完成的。

我們一起努力吧。

尼可拉斯·簡梅特是甜綠連鎖餐廳的共同創辦人與執行長，致力於推廣簡單、季節性的健康食物。簡梅特被視為糧食與商業界的創新者，獲《企業》雜誌（*Inc.*）和《富比士》（*Forbes*）選入「三十位三十歲以下的傑出青年」，並獲《酒食雜誌》（*Food & Wine*）選入「四十位四十歲以下的飲食思想大師」。二〇一五年，美國前第一夫人蜜雪兒·歐巴馬邀請簡梅特，以總統代表團成員的身分參與二〇一五年的世界博覽會（Expo 2015）。該博覽會為聚焦於全球營養、健康與永續糧食的國際高峰會。

36 每一季、每次收成、每個世代，不斷循環

——馬斯・馬蘇莫托（Mas Masumoto）

親愛的妮基可（Nikiko）：

當我大學畢業後回到農場，我覺得失落、困惑、心痛。我知道這聽起來像寫得不怎麼樣的西部鄉村歌詞，不過旋律是好聽的，是有故事的。現在，我的女兒啊，既然你研究所畢業後決定回家鄉耕作，我希望妳已經準備好踏上旅程，進入耕作、經營、自然的世界，或許最重要的是追尋自我的定位、找到自己。

妳的第一步，是追尋。

我的父親，也就是妳的祖父，並不是擅長說故事的人。當我跟他並肩在田裡工作，他總

是沉默寡言，活脫脫一個典型的堅忍平淡老農夫，真是快把我搞瘋了，就像有一次他告訴我穀倉裡有一箱炸藥。

「什麼炸藥？」我問，這不像是我在書上讀過的農場用具。

他點點頭，不過我們要先做完這一排作物才會繼續聊，或許這是他引誘我做快一點的小手段？

我的父親透過鏟子表達自己，花上好幾個小時有條不紊地在排排作物間前前後後工作著，照顧到每一棵樹和藤蔓。他的行動就如同最鏗鏘的言語，雖然安靜，但需要多年的時間才能理解。沉默是最難懂的語言，但破解這密碼是我們耕作的秘訣：安靜地種田，獨自的勞動，無聲、緩慢、堅定、嚴謹。這是一種平靜穩定的風格，與自然合作，並且很自然地處於孤獨。（或許有時太過於孤獨了？大多數的農夫喜歡獨處，我也發現自己慢慢變得不善社交，不過我喜歡這樣。）

在那樣的時刻，我才能成為學生。我記得學習修枝時，妳的祖父很快地示範，先繞著樹移動，擺好梯子，然後開始修、剪、砍、削，隨著枝幹落下，一個平衡而強健的結構就如魔術般成形了。他重複著這些動作，砍砍這裡、修修那裡，然後就又從一團枝幹纏繞當中雕出了一棵樹。他很少解說，用實際的工作示範，然後繼續。當時我多希望有大學課堂般的講解。

首先我要學會觀察，同時記筆記，有些記在心上，有些寫在筆記本裡，把每一堂課都收藏好。不過當我開始試著自己修剪，學習才真正開始。當你耕作時，你必須學會如何看見未來。

我每年都會修剪同一棵樹，從一年的生長和收成中學習。令人哀傷的是，我學到最多的時候，都是因為修剪不佳，造成桃子長得少又小；最糟糕的是，我犯的錯有目共睹，大家都看得到。有一次有個農場工人質問我：「這棵樹是誰修的？」結果哄堂大笑，在那個當下我既不是老闆，也不是農場好手，不過那件事至少增強了工人的自信，事實上也是如此。

耕作的自然韻律，就是重複。一直到現在六十幾歲了，我還是持續學習，學無止境。我試著說服自己，學習是維持年輕感的秘訣，還能繼續學習，就表示未來還有應用所學的機會。

你祖父的指紋遍布這片土地，沿著溝渠邊緣堆築的堅硬石塊、老舊器具上的焊接，在幾十年後依然緊實；水泥的灌溉閥門，在一個莽撞少年駕著牽引機撞壞之後，佈滿修補的痕跡。工作說明了我的父親、我、和我們的農場，工作也會說明妳，而妳將是個農夫。

以前每天吃早餐時，我們會邊聽著廣播報農業新聞，那時我聽到一句廣告詞：「你的祖父用身體種田，你的父親用機具，現在你要學著用腦袋種田。」

現在，那句廣告詞還是蠻寫實的，只不過我的女兒，妳必須身體、機具、腦袋三者並用。艱辛的勞力活躲也躲不掉，水蜜桃、甜桃或是葡萄不可能自己開花結果，即便有新科技的種種保證，耕作還是得靠雙手。

有些機具設備還是可以讓生活輕鬆些，農場上仍然可以看到工業革命的新發明，不過在此同時你必須工作得更快、擴張到更大範圍、提高生產效率。就像《愛麗絲夢遊仙境》，你想要留在原地，就必須不斷跑，而若是你想到別處去，那就更要加速跑。你所面臨的挑戰可能會是，要如何讓老舊的機具設備達到現在的需求。

科技時代已經永遠改變了我們的地貌景觀。電腦可以挖出我們以前無法觸及的資訊和知識，你可以和其他農夫、學者、廠商和消費者溝通，這是我以前都做不到的，妳現在已經知道得更多，也需要知道得更多。

未來的農場電影會是什麼樣子？氣候變遷下的荒蕪土地上，自耕小農幾乎無法維生，將和都市裡的科技新貴以及他們的財富特權，形成強烈對比，看起來會像是《飢餓遊戲2.0》？未來的《夢幻成真》（Field of Dreams）*電影又會是什麼樣子？綁著細髮辮的程式工程師和滑板運動員，從巨型酪農場踏著黏糊糊的地板走出來？

請記得，有時候無知會讓你能夠接受自己的錯誤，與它共存。科技只是工具，人是不可或缺的。糧食是人種植的，食物是人製作的。

如果一切順利，未來的有一天，當你在割雜草、修理圓盤刀片，或在手機上（或在隱形眼鏡上或其他高科技裝置）確認氣象時，暫停一下，抬起頭，你會看到幾十年來的努力，造就了永續農業、重建生機：土壤更加健康，葡萄園和果園欣欣向榮，你已經從土地上建立起適合你的事業。你盲目的信心會帶給你相當的成就，花點時間慶祝一下吧，小型農場竟然可以和大型農業公司並存呢！而當你的農場能夠說出誠摯而有意義的故事，就會受到社會大眾的支持！好了，你再低下頭，回到手上的工作，然後發現還有很多事要做。你會沮喪、疲累但仍堅強不懈、日新又新，否則你早就放棄了，或是會找個天真無比的夥伴支持我們卡夫卡式的夢想。

最終，我想只有當妳年紀漸長，才能逐漸改變。可能是因為妳體力漸減，或者妳對成功的看法改變了，或是妳能夠接受自己在人生中的位置。妳會滿足所擁有的，不再追求所缺乏的。

當妳跟老舊工具培養出感情，新機具的照片看來就不再光彩奪目，妳會懂得欣賞舊牽引機的特色，以及發動那輛老福特汽車的小撇步。妳會熟悉修繕圓盤起壟機的支架，然後慢慢

---

*《夢幻成真》，一九八九年的美國電影，描述一位農夫接受到神秘訊息，而在玉米田中建造了一座棒球場後，美國已故知名棒球好手喬・傑克森（Joe Jackson）現身，為他的人生帶來極大的啟示。

就囤積了一罐耐用的三號螺栓。妳會願意接受少一點的產量，並且不僅用金錢來衡量妳的投資報酬率。我從妳祖父身上學到的，在妳跟著老爸我工作時，也會像神奇的滲透效應一樣，慢慢學到。

年輕的時候，我從來不相信人會隨著年紀漸長而成熟，經驗會帶來智慧，努力工作會得到紮實的學習，從錯誤中可以學到豐富的知識。如果忽視你無法掌握的事物，只依靠盲目的樂觀，通常會招致失敗。（妳記不記得我們在田裡講的那個可怕的老笑話：「有人解剖了幾位老農夫的遺體，然後發現他們的身體裡都塞滿了『明年』。」）在這片土地上，妳將會自然生成一種能力；我的父親、也就是妳的祖父，他早就瞭然於心。

有一天，妳將會跟你的樹和藤蔓說話，它們也可能會透過葉子的顏色、根系的生長、果實熟成所散發出的氣味等自己的方式回應你。而對於已經不適生產的植株，你也會接受安樂死的選項，這是隨著年紀漸長我也開始可以接受的方式，你會學著接受少了這些植株，也沒有關係。這就是學會放手的秘訣。

我曾經以為每過一年我就會過得更好，以為年齡漸長會給我帶來更多自由，但我太傻了。事實上，歲月可能帶來反效果，讓人思想更狹隘。但我們應該要學會接受自己，並且理解「思考」的價值，要頌揚思想和人生，允許自己沉思、靜坐，與自己和好。

每一年的確都會有一些改變，尤其現在我已經六十歲了，感受更加深刻。我很難解釋，但在健康出狀況時，我感覺看待事物都清楚了一些（三條血管的心臟繞道手術，著實讓我重新思考人生）。現在每天早上落在我身上、同時也讓我興奮的一個問題就是：我還能再採收幾次？

你能留下什麼很重要，這無關金錢、財富或是實質的物品。你希望大家記得你代表的意義，而不是成功。

這樣的體悟是否改變了我的耕作方式？奇妙的是，改變不多，我想這是因為一路走來，我一直試著去做我認為對的事，熱情工作，並尊重這個世界。我們曾經損失金錢，但我們是採取自然、有機的方式，這就是差別所在。（不過當然不能長久如此，我或許天真，但並不笨。）

我們有過許多沮喪、失落，每年都會懷疑自己，也都會付出代價，但我不再像以前那樣憤怒了。我想妳在面對氣候變遷的挑戰時，也會有類似的體驗，要接受、適應，並且成長，這簡單的改變策略，或許不見得都適用於現今充滿政治與策略的世界。但妳將會見證一個完全不同的世界成型，這中間妳將需要學習新的種植和堆肥方式。

我們很重視保存被世界遺棄的古老水蜜桃和甜桃品種，我們也曾經被遺棄，但靠著運氣、努力，我們找到了家，我們在土地上建立起農場，為沙土和堅硬的地質增添生氣，為土地注入新的靈魂。我們放手實驗，接受失敗，從錯誤中學習：我們學會了解故事的力量，透過故事去激勵、去引導大家，甚至為自己建立品牌。

我所留下的故事，現在有妳參與，而妳也會用自己的文字寫下新的篇章。如果我們運氣不錯，這個循環的終點將是一個關於信任的故事，環繞著我們農場與家人的社群，信任著我們的為人和作為。

最後，還有最驚奇的一段，就是這個循環會自動重複發展。就像莊稼，自然就會結出下一季的果實。每一季、每次收成、每個世代，不斷循環。

愛妳的爸爸

馬斯．馬蘇莫托和女兒妮基可在加州佛雷斯諾市（Fresno）郊外種植有機水蜜桃、甜桃和葡萄，農場占地八十英畝，他著有九本書，包括《一顆桃子的墓誌銘》（*Epitaph for a Peach*）和《末代農夫的智慧》（*Wisdom of the Last Farmer*）。他們的農場也是美國公共電視網紀錄片《四季變換》（*Changing Season*）的拍攝主題。

致謝

這本書的出版，得益於許多人的參與協助。

誠摯感謝本書的作者群，奉獻時間、文字和熱忱在農耕與相關的所有議題上，他們所表達的觀點和意見都是出自於他們個人，我們非常感謝。

我們也要向石倉食物農業中心的夥伴致上溫暖的謝意，是他們促成了這本書，特別要感謝羅勃・雪佛（Rob Shaeffer）的耐心與鼓勵，阿里亞・佩培斯（Aleah Papes）、弗列德・克申曼和山姆・安德森（Sam Anderson）。謝謝瑞克和貝絲・史奈德斯（Rick and Beth Schnieders）、艾琳・韓寶格（Irene Hamburger）、艾莉西亞・哈維（Alicia Harvey）和卡洛琳・莫格（Carolyn Mugar）的建議並協助推廣。最後感謝石倉中心的夥伴們對於這個企劃投入的熱情，以及佩姬・杜蘭妮（Peggy Dulany）所領導的董事會，給予的信任與支持。

最後要感謝這個企劃的北極星，也就是所有的農夫，不論是年輕的或沒那麼年輕的，已經投入實務工作或是想加入的，以及我們曾經有幸共事並成為朋友的。這個企劃是緣起於你們的耕作，以及你們所希望達成的人生目標。

石倉食物農業中心

吉爾・伊森巴傑與瑪莎・霍吉金斯

結語

宣言：瘋狂農民解放陣線

溫德爾・貝瑞

愛那快速獲利、每年加薪
和帶薪休假，還想要更多
現成的東西，但害怕
去了解鄰居，也害怕死亡。
你的腦袋開了扇窗，
你的未來神秘
不再，你的心印在卡片上，
鎖進了一個小抽屜。

當他們要你消費時，
他們會來找你；
當他們要你為利益而亡，
他們會告訴你。
所以朋友啊，每天要做
無法以數字衡量的事，要愛天主，
愛世界，不為什麼而工作。
接受你所擁有的，維持貧窮。
去愛不值得愛的人，
譴責政府但擁抱
國旗，然後希求可以住在
它所代表的自由國度。
認可所有你無法理解的
事物，並且讚美無知，
因為人所未遇過的，他就不能摧毀。

提出無解的問題。
投資在千禧年，種植紅杉，
說你的主要作物是那森林，
你所沒有種下，
也將無法採收的森林；

說樹葉收成了，
當它們在土壤裡腐爛的時候，
然後把它稱作是獲利。你可以預言這樣的報酬。
要相信樹下
那每千年可以形成的
兩吋腐植質，
傾聽腐肉的聲音，你的耳朵
靠近並聽見那
即將來到的微弱歌聲。

預期世界末日。歡笑。
笑聲是無可測量的。要快樂，
雖然你也思考過所有的現實，
只要女人不願為了權力而放下身段，
請多取悅女人少取悅男人。
問你自己：一個滿足於懷著孩子的女人
會因此而滿意嗎？
會不會驚擾了
將臨盆女人的睡眠？
跟你的所愛到田裡去，
輕鬆地躺在陰影中，把你的頭
枕在她的腿上；宣示忠貞，
對你腦中最親密的想法。
當官員和政客
能夠預測你腦中的運轉，

就放下那個想法，把它用來
標記錯誤的路徑，
你所沒有走的路。學習狐狸，
留下不必要的多餘痕跡，
有些指向錯誤的方向。
練習復活。

……

原註

〈宣言：瘋狂農民解放陣線〉取自一九七三年的《婚姻的國度》（*The Country of Marriage*），由Harcourt Brace Jovanovich, Inc.,出版，也刊載於Counterpoint Press一九九九年出版的《溫德爾・貝瑞詩選》（*The Selected Poems of Wendell Berry*）、二〇〇八年的《瘋狂農民詩集》（*The Mad Farmer Poems*）、二〇一二年的《詩集新選》（*New Collected Poems*）。

專有名詞說明

社群支持型農業（CSA, community-supported agriculture）這是一個農場分享計畫，由小農直接銷售給個人消費者，他們在整個產季中，通常每週一次可以收到農場的產品。CSA也已經開始提供海鮮、肉類、麵包及其他產品。

有機認證（certified organic）由美國農業部認證為有機的農法，依循一套固定標準，包括農夫種植作物、畜養牲口的方式，以及他們所能使用的材料。這套標準涵蓋產品從農場到餐桌的歷程，包括土壤、水質、害蟲控管、牲口處置流程，以及食品添加物的規範。

飲食文化（foodways）研究人類吃什麼、如何吃、為何吃，主題包括種族、階級、性別、經濟、環境、地理、歷史等。

基因改造生物（GMO, genetically modified organism）植物、動物或微生物的遺傳物質（genetic material, DNA）受到改變，其改變方式不同於透過配種或自然地重新組合方式，讓特定基因從一個生物體移轉到另一個生物體，有時是應用於不同物種之間。採用基因改造生物所製作的食物，通常稱做基因改造食品（GM food）。

綠漂（greenwash）組織或企業為了展現環境責任的公共形象，而散布不實訊息。

有機農業（organic agriculture）一種奠基於環境保育的生產體系，並且避免使用各種合成物質如殺蟲劑、抗生素。

美國國際開發總署（USAID）United States Agency for International Development

美國農業部（USDA）United States Department of Agriculture

世界有機農場機會組織會員（WWOOFer）參與世界有機農場機會組織（World Wide Opportunities on Organic Farms）的志工。WWOOF是連結志工與有機農夫、生產者的行動，以信任與非金錢的交流為基礎，推廣文化與教育經驗，藉以協助建立一個永續的全球社群。

LOHAS・樂活

腳踏食地的智慧・給青年農夫的信：

如何打造自然健康的飲食，重建我們的農業與未來

2018年11月初版　　定價：新臺幣380元

原書主編	Martha Hodgkins
插圖繪者	Chris Wormell
譯者	蔡依舫
	林芳瑜
叢書主編	林芳瑜
內文排版	林淑慧
封面設計	兒日
編輯主任	陳逸華

企劃製作　Stone Barns Center for Food and Agriculture

總編輯	胡金倫
總經理	陳芝宇
社長	羅國俊
發行人	林載爵

出版者	聯經出版事業股份有限公司
地址	新北市汐止區大同路一段369號1樓
編輯部地址	新北市汐止區大同路一段369號1樓
叢書主編電話	(02)86925588轉5318
台北聯經書房	台北市新生南路三段94號
電話	(02)23620308
台中分公司	台中市北區崇德路一段198號
暨門市電話	(04)22312023
台中電子信箱	linking2@ms42.hinet.net
郵政劃撥	帳戶第0100559-3號
郵撥電話	(02)23620308
印刷者	文聯彩色製版印刷有限公司
總經銷	聯合發行股份有限公司
發行所	新北市新店區寶橋路235巷6弄6號2樓
電話	(02)29178022

行政院新聞局出版事業登記證局版臺業字第0130號

本書如有缺頁，破損，倒裝請寄回台北聯經書房更換。　ISBN 978-957-08-5206-6 (平裝)
聯經網址： www.linkingbooks.com.tw
電子信箱：linking@udngroup.com

First published in the United States by Princeton Architectural Press.
Rights arranged through Peony Literary Agency.

國家圖書館出版品預行編目資料

腳踏食地的智慧・給青年農夫的信：如何打造自然健康的飲食，重建我們的農業與未來/ Stone Barns Center for Food and Agriculture企劃製作．Martha Hodgkins原書主編．Chris Wormell插圖繪者．蔡依舫、林芳瑜譯．初版．新北市．聯經．2018年11月（民107年）．288面．14.8×21公分（LOHAS・樂活）
譯自：Letters to a young farmer: on food, farming, and our future

ISBN　978-957-08-5206-6（平裝）

1.永續農業　2.健康飲食　3.文集

430.7　　107018243